高等职业教育高水平专业群创新系列教材·机电类

机械加工工作式活页

李佳南 主编

北京理工大学出版社
BEIJING INSTITUTE OF TECHNOLOGY PRESS

版权专有　侵权必究

图书在版编目（CIP）数据

机械加工工作式活页/李佳南主编. —北京：北京理工大学出版社，2020.8（2022.8重印）

ISBN 978-7-5682-8850-7

Ⅰ. ①机… Ⅱ. ①李… Ⅲ. ①金属切削－教材 Ⅳ. ①TG506

中国版本图书馆 CIP 数据核字（2020）第 142402 号

出版发行 / 北京理工大学出版社有限责任公司
社　　址 / 北京市海淀区中关村南大街 5 号
邮　　编 / 100081
电　　话 / （010）68914775（总编室）
　　　　　（010）82562903（教材售后服务热线）
　　　　　（010）68948351（其他图书服务热线）
网　　址 / http：//www.bitpress.com.cn
经　　销 / 全国各地新华书店
印　　刷 / 涿州市新华印刷有限公司
开　　本 / 787 毫米 × 1092 毫米　1/16
印　　张 / 15.25　　　　　　　　　　　　　　　责任编辑 / 王玲玲
字　　数 / 358 千字　　　　　　　　　　　　　　文案编辑 / 王玲玲
版　　次 / 2020 年 8 月第 1 版　2022 年 8 月第 2 次印刷　责任校对 / 周瑞红
定　　价 / 46.00 元　　　　　　　　　　　　　　责任印制 / 李志强

图书出现印装质量问题，请拨打售后服务热线，本社负责调换

前　言

　　钳工、车工、铣工和磨工是机械类专业学生必修的，并且对实践性具有一定要求的技术基础课。学生在学习机械制造的基本工艺知识的过程中，将理论知识与实践应用相结合，并进行思想道德和职业素养的培养与提高。

　　本书以培养应用型人才为根本任务，以技术的应用为主，以必需、够用为度，为适应当下教学改革和专业需要，对各工种提出了高标准、高要求，在教学内容、教学方法和教学手段上进行了改革。为体现上述教学目的，编者结合多年的实际生产、教学经验，充分吸收运用了国内教育改革研究成果。希望在高校教学过程中，实现基于工作实践的课程教学模式，以培养学生的创新精神和实践能力为目标，以提高学生综合技术素质为主线，整合课程教学内容，以工作任务为主体，使学生成为能够胜任在生产、服务、技术和管理的第一线工作，并且具有综合职业能力的高素质技术应用型人才。

　　本书共4章，包含钳工、车工、铣工、磨工四个工种的技能训练，内容涵盖面广，不仅能够满足一般的实训教学，同时还能够满足钳工、车工、铣工、磨工四个工种中级职业技能培训的需要。本书在内容上，力求突出典型性、实用性，强调拓展学生知识面和使课堂"活跃化"，提倡安全文明生产与环境保护，便于中级工备考使用。

　　本书由西安航空职业技术学院航空制造工程中心李佳南担任主编，王博华担任副主编。本书各章的编写情况如下：第1章钳工由苗玲和刘洋编写；第2章车工由孙瑾和孙剑伟编写；第3章铣工由王博华和刘蕾编写；第4章磨工由李佳南编写。全书由李佳南统稿。

　　本书的编写得到了西安航空职业技术学院航空制造工程中心教职工的大力支持和帮助，在此一并表示衷心的感谢！

　　本书可作为高等院校机械类、近机械类专业机械加工的实训教材，也可作为机械加工培训教材，同时，可供职业技术学院作为教材选用，或供机械行业工程技术人员自学参考。

　　由于时间仓促和编者学识有限，书中难免存在诸多不足之处，敬请广大读者提出批评和改进意见。

编　者

目 录

第1章 钳工 ... 1
1.1 钳工的入门知识 ... 1
1.2 划线 ... 4
1.3 锉削 ... 13
1.4 锉削平面 ... 17
1.5 锉削长方体 ... 21
1.6 锉削曲面 ... 24
1.7 锯割 ... 27
1.8 钻孔 ... 34
1.9 铰孔 ... 43
1.10 攻丝与套丝 ... 47
1.11 錾口榔头制作 ... 51
1.12 锉配训练 ... 54

第2章 车工 ... 67
2.1 车工入门知识 ... 67
2.2 车床和车刀基本知识 ... 75
2.3 车外圆、端面、台阶和钻中心孔 ... 88
2.4 切断和车槽 ... 107

第3章 铣工 ... 119
3.1 铣工入门知识 ... 119
3.2 铣平面 ... 125
3.3 铣槽类零件、阶台和切断 ... 135
3.4 铣直齿圆锥齿轮 ... 144

第4章 磨工 ... 152
4.1 磨工入门知识 ... 152
4.2 外圆磨床的操纵与调整 ... 158
4.3 外圆工件装夹与试磨 ... 165
4.4 光轴磨削 ... 174
4.5 阶台轴磨削 ... 182

4.6 外圆锥面磨削 …………………………………………………………… 188
4.7 细长轴磨削 ……………………………………………………………… 195
4.8 接刀轴磨削 ……………………………………………………………… 201
4.9 平面磨床 ………………………………………………………………… 207
4.10 平面磨床砂轮的修整 …………………………………………………… 214
4.11 平面的磨削 ……………………………………………………………… 221
4.12 垂直面磨削 ……………………………………………………………… 229
参考文献 ……………………………………………………………………… 238

第 1 章 钳 工

1.1 钳工的入门知识

任务描述

根据任务要求完成钳工课程所需熟练掌握的设备、工具与注意事项。

任务要求

① 了解钳工在工业生产中的工作任务。
② 了解钳工实训场地的设备和本工种操作中常用的工、量、刀具。
③ 了解实训场地的规章制度及安全文明生产要求。

理论知识

1. 钳工的主要任务

钳工的工作范围很广,如各种机械设备的制造,首先是将毛坯(铸造、锻造、焊接的毛坯及各种轧制成的型材毛坯)经过切削加工和热处理等步骤成为零件,然后通过钳工把这些零件按机械的各项技术精度要求进行组件、部件装配和总装配,从而成为一台完整的机械。有些零件在加工前还要通过钳工进行划线;针对有些零件的技术要求,采用机械加工方法不太适宜或不能解决,也要通过钳工工作来完成。

许多机械设备在使用过程中,出现损坏、产生故障或长期使用后失去原有精度,影响使用,也要通过钳工来维护和修理。

在工业生产中,各种工具、夹具、量具及各种专用设备等的制造,都要通过钳工来完成。

不断进行技术革新,改进工艺和工具,以提高劳动生产率和产品质量,也是钳工的重要任务。

2. 钳工技能的学习要求

随着机械工业的发展,钳工的工作范围日益扩大,并且专业分工更细,如分成装配钳工、机修钳工、模具钳工、工具钳工等。不论哪种钳工,首先都应掌握钳工的基本操作技能,包括划线、錾削、锯割、钻孔、扩孔、铰孔、攻螺纹、套螺纹、矫正和弯形、铆接、刮削、研磨等基本技能和简单的热处理工艺,然后根据分工不同,进一步学习和掌握零件的钳工加工及产品和设备装配、修理等技能。

基本操作技能是进行产品生产的基础，也是钳工专业技能的基础，因此必须熟练掌握，才能在今后的工作中逐步做到得心应手，运用自如。

钳工的基本操作项目较多，各项技能的学习掌握又具有一定的相互依赖关系，因此必须循序渐进，由易到难，由简单到复杂，一步一步地对每项操作按要求学习好、掌握好，不能偏向任何一个方面，还要自觉地遵守纪律，有吃苦耐劳的精神，严格按照每个课题要求进行操作，只有这样，才能很好地完成基础知识的学习。

3. 钳工常用设备

（1）台虎钳

它是用来夹持工件的通用夹具，有固定式和回转式两种结构形式（图 1.1.1）。回转式台虎钳的构造和工作原理为：活动钳身通过导轨与固定钳身的导轨孔做滑动配合。丝杠装在活动钳身上，可以旋转，但不能轴向移动，并与安装在固定钳身内的丝杠螺母配合。当摇动手柄使丝杠旋转时，就可以带动活动钳身相对于固定钳身做轴向移动，起夹紧和放松工件的作用。弹簧借助挡圈和销固定在丝杠上，其作用是当放松丝杠时，可使活动钳身及时退出。在固定钳身和活动钳身上，各装钢制钳口，并用螺钉固定。钳口的工作面上制有交叉网纹，使工件夹紧后不易产生滑动。钳口经过热处理淬硬，具有较好的耐磨性。固定钳身装在固定转座上，并能绕转座轴线转动。当转到要求的方向时，扳动手柄使夹紧螺钉旋转，便可在夹紧盘的作用下把固定钳身固定。转座上有个螺栓孔，用于与钳台固定。

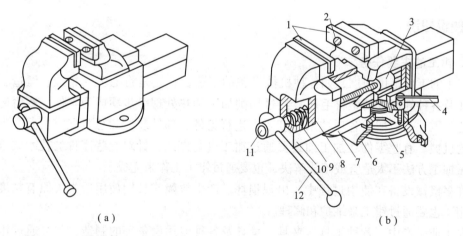

1—钳口；2—螺钉；3—螺母；4，12—手柄；5—夹紧盘；6—转盘座；
7—固定钳身；8—挡圈；9—弹簧；10—活动钳身；11—丝杠。

图 1.1.1 台虎钳

（a）固定式；（b）回转式

台虎钳的规格用钳口的宽度表示，有 100 mm、125 mm 和 150 mm 等。

台虎钳在钳台上安装时，必须使固定钳身的工作面处于钳台边缘以外，以保证夹持长形工件时，工件的下端不受钳台边缘的阻碍。

(2) 钳台

钳台用来安装台虎钳、放置工件和工具等。台虎钳的高度为 800～900 mm，装上台虎钳后，钳口高度以恰好齐平人的手肘为宜；长度和宽度随工作需要而定。

(3) 砂轮机

砂轮机用来刃磨钻头、錾子等刀具或其他工具等，由电动机、砂轮和机体组成。

(4) 钻床

钻床用来对工件进行各类圆孔的加工，有台式钻床、立式钻床和摇臂钻床等。

4. 钳工常用工具、零件

常用工具有划线用的划针、划线盘、划规、中心冲和平板，錾削用的手锤和各种錾子，锉削用的锉刀，锯割用的锯弓和锯条，孔加工用的各类钻头、铰刀，攻、套螺纹用的各种丝锥、板牙和绞杠，刮削用的平面刮刀和曲面刮刀，以及各种扳手等。

常用量具有直尺、刀口形直尺、游标卡尺、千分尺、90°角尺、角度尺、塞尺和百分表等。

温馨提示：

① 钳工设备的布局：钳台要放在便于工作和光线适宜的地方；钻床和砂轮机一般应安装在场地的边缘，以保证安全。

② 使用的机床、工具要经常检查，如发现损坏，应及时上报，在未修复前不得使用。

③ 使用电动工具时，要有绝缘防护和安全接地措施。使用砂轮时，要戴好防护眼镜。在钳台上进行錾削时，要有防护网。清除切屑要用刷子，不要直接用手清除或用嘴吹。

④ 毛坯和加工零件应放置在规定位置，排列整齐；应便于取放，并避免碰伤已加工的表面。

⑤ 工、量具的安放应按下列要求布置：

a. 在钳台上工作时，为了取用方便，右手取用的工、量具放在右边，左手取用的工、量具放在左边，各自排列整齐，且不能使其伸到钳台边以外。

b. 量具不能与工具或工件混放在一起，应放在量具盒内或专用格架上。

c. 常用的工、量具要放在工件位置附近。

d. 工、量具收藏时，要整齐地放入工具箱内，不应任意堆放，以防损坏和取用不便。

⑥ 现场参观：

a. 参观钳工各种常用工、量具及实训时所做的工件和生产的产品。

b. 参观钳工工作场地的生产设备及钳工的工作情况。

任务评价

填写评价表

工作任务评价表			
任务名称：	班级： 小组： 姓名：	指导教师： 日　　期：	
评价项目	评价标准	评价方式 1. 护目镜、衣扣、袖口系紧；2. 量具使用完后放回量具盒；3. 机床、工具箱台面清理；4. 高度尺使用完后收回办公室；5. 机床设备使用登记本填写；6. 教室、厂房清理	权重	小计
职业素养	1. 遵守实训规章制度 2. 严格执行"6S"管理 3. 遵守安全生产规定 4. 组织协作能力		0.3	
专业能力	1. 理解装配要求并制订正确的装配工艺 2. 正确、合理选用工、量具 3. 操作准确、规范 4. 分析判断准确 5. 任务完成质量好		0.5	
创新能力	1. 任务过程中主动分析、解决问题 2. 合理组织任务实施		0.2	
合计				

1.2　划　　线

任务描述

根据任务要求完成钳工课程所需熟练掌握的划线和冲眼方法。

任务要求

①明确划线的作用。

②正确使用划线工具。
③掌握一般的划线方法和冲眼的使用。

理论知识

1. 划线概述

划线就是在毛坯或工件的加工面上,用划线工具划出待加工部位的轮廓线或作为基准的点、线的操作过程。划线分为平面划线和立体划线。在工件的一个平面上划线,就能明确表示加工界线的划线,称为平面划线,如图 1.2.1(a)所示;需要同时在工件几个不同方向的表面(通常是工件的长、宽、高)上划线,才能明确表示加工界线的,称为立体划线,如图 1.2.1(b)所示。

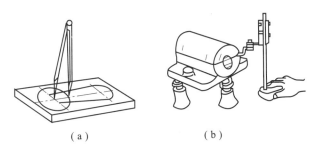

图 1.2.1 划线种类
(a)平面划线;(b)立体划线

划线工作可以在毛坯上进行,也可以在已加工的面上进行。

划线的作用是:确定工件上各加工面的加工位置和加工余量,及时发现和处理不合格的毛坯,避免加工后造成损失。在坯料上出现某些缺陷时,往往可以通过划线时借料的方法,来实现一定程度的补救。在板料上按划线下料,可以做到正确排料、合理使用材料。复杂工件在机床上装夹加工时,可按划线位置找正、定位和夹紧,划线的精度不高,一般可达到的尺寸精度为 0.25~0.50 mm,因此,不能依据划线的位置来确定加工后的尺寸精度,必须在加工过程中通过测量来保证尺寸的加工精度。

2. 划线工具及使用方法

(1)划线平台

划线平台(又称划线平板)由铸铁制成,工作表面经过精刨或刮削加工,作为划线时的基准平面,如图 1.2.2 所示。划线平台一般用木架或铁架搁置,放置时应使平台工作表面处于水平状态。

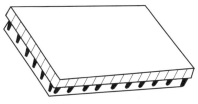

图 1.2.2 划线平台

使用注意要点:平台工作表面应经常保持清洁;工件和工具在平台上都要轻拿、轻放,不可损伤其工件表面;用后要擦拭干净,并涂上机油防锈。

(2)划针

划针用来在工件上划线条。它由弹簧钢丝或高速钢制成,直径一般为 3~5 mm,尖端磨成 15°~20°的尖角,并经热处理淬火使其硬化。有的划针在尖端部位焊有硬质合金,耐磨性更好。划针的外观及尖端形状如图 1.2.3 所示。

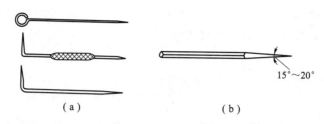

图 1.2.3 划针

(a) 划针形状；(b) 划针尖端形状

使用注意要点：用钢直尺和划针连接两点的直线时，应先用划针和钢直尺定好一点的划线位置，然后将钢直尺与另一点的划线位置对准，再划出两点的连接直线。划线时，针尖要紧靠导向钢直尺的边缘，上部向外倾斜 15°～20°，向划针移动方向倾斜 45°～75°，如图 1.2.4 所示。针尖要保持尖锐，划线要尽量一次划成，使划出的线条既清晰又准确。不用时，划针不能插在衣袋中，最好套上塑料管，不使针尖外露。

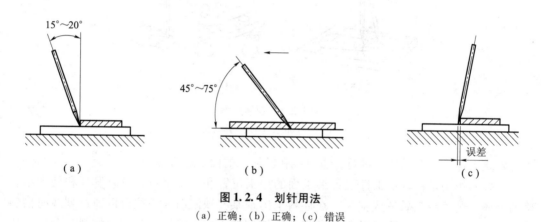

图 1.2.4 划针用法

(a) 正确；(b) 正确；(c) 错误

（3）划线盘

划线盘（又称划针盘）如图 1.2.5 所示，通常用来在划线平台上对工件进行划线或找正工件在平台上的正确安放位置。划线盘上划针的直头端用来划线，弯头端用来找正工件的安放位置。

使用注意要点：用划线盘划线时，划针应尽量处于水平位置，不要倾斜太大，划针伸出部分应尽量短些，并要牢固地夹紧，以免划线时产生振动和引起尺寸变动。划线盘在移动时，底座平面始终要与划线平台平面贴紧，不能晃动或跳动。划针与工件划线表面之间，沿划线方向应保持 40°～70°夹角，以减小划线阻力和防止针尖扎入工件表面。划较长直线时，可采用分段连接划法。划线盘用完后，应使划针处于直立状态，以保证安全和减少所占空间。

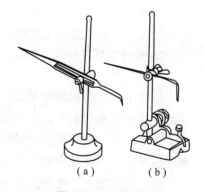

图 1.2.5 划线盘

(a) 普通划线盘；(b) 可微调划线盘

（4）高度尺

图 1.2.6 (a) 所示为普通高度尺，由钢直尺和尺座组成，用来给划线盘量取高度尺

寸。图 1.2.6（b）所示为高度游标尺，它一般附有带硬质合金的划线脚，能直接表示出高度尺寸，其读数精度一般为 0.02 mm，可作为精密划线工具。高度游标尺一般可用来在平台上划线或测量工件高度。

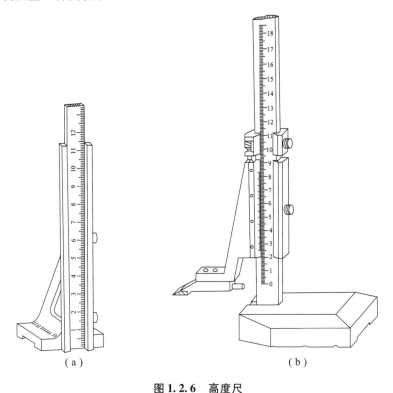

图 1.2.6　高度尺
(a) 普通高度尺；(b) 高度游标尺

高度尺使用注意要点：

①在划线方向上，划线脚与工件划线表面之间应呈 45°左右的夹角，以减小划线阻力。

②高度游标尺底面与平台接触面都应保持清洁，以减小阻力；拖动时，底座应紧贴平台工作面，不能摆动、跳动。

③高度游标尺一般不能用于粗糙毛坯的划线。

④用完后应擦净，涂油装盒保管。

（5）划规

划规（又称圆规）如图 1.2.7 所示，用来划圆和圆弧、等分线段、等分角度及量取尺寸等。

使用注意要点：划规两脚的长短可磨得稍有不同，两脚合拢时，脚尖能靠紧。划规的脚尖应保持尖锐，以保证划出的线条清晰。用划规划圆时，应把压力加在用作旋转中心的那个脚上。

（6）样冲

样冲是用来在已划好的线上打样冲眼，这样，当所划的线模糊后，仍能找到原线的位置。用划规划圆和定钻孔中心时，需先打样冲眼。样冲用工具钢制成并淬硬，工厂中

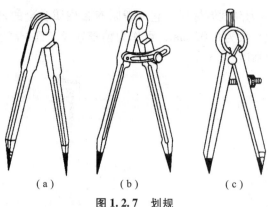

图 1.2.7 划规

常用废丝锥、铰刀等改制,如图 1.2.8 所示。冲眼方法:先将样冲外倾,使尖端对准线或线条交点,然后再将样冲立直于冲眼,如图 1.2.9 所示。冲眼要求:位置要准确,冲眼不可偏离线条。在曲线上,冲眼距离要小些,如直径小于 20 mm 的圆周线上应有 4 个冲眼,而直径大于 20 mm 的圆周线上应有 8 个或 8 个以上冲眼,在直线上冲眼距离可大些,但短直线至少有 3 个冲眼。在线条的交叉转折处必须冲眼。冲眼的深浅要适当,在薄壁上或光滑表面上冲眼要浅,粗糙表面上要深些。

图 1.2.8 样冲   图 1.2.9 冲眼方法

(7) 方箱

方箱是用铸铁制成的空心立方体,六面都经过加工,互呈直角,如图 1.2.10 所示。方箱用于夹持较小的工件,通过翻转方箱便可在工件上划出垂直线。方箱上的 V 形槽用来安装圆柱形工件,以便找中心或划线。

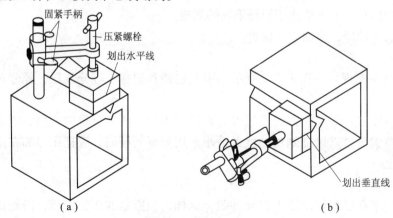

图 1.2.10 方箱

(8) V形块

V形块又称V形架或V形铁,用钢或铸铁制成,如图1.2.11所示。它主要用于放置圆柱形工件,以便找中心和划出中心线。通常,V形块是一副两块。V形块的平面、V形槽是在一次安装中磨出的,因此,在使用时不必调节高低。精密的V形块各相邻平面均互相垂直,故也可作为方箱使用。

(9) 千斤顶

对较大毛坯件划线时,常用3个千斤顶把工件支撑起来,其高度可以调整,以便找正工件位置,如图1.2.12所示。

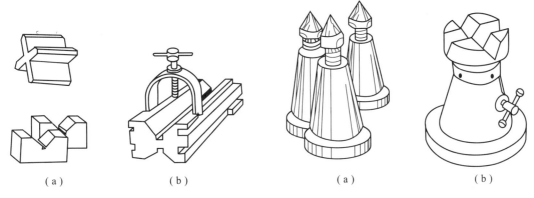

图1.2.11　V形块　　　　　　　　　图1.2.12　千斤顶

(10) 直角尺

直角尺在划线时,常用作划平行线或垂直线的导向工具,也可用来找正工件平面在划线平台上的垂直位置,如图1.2.13所示。

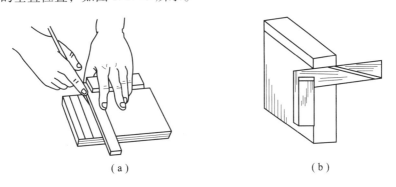

图1.2.13　直角尺的使用

3. 划线前的准备工作

(1) 工件清理

除去铸件上的浇口、冒口、飞边,清除黏砂,除去锻件上的飞边、氧化皮,除去半成品的毛刺,擦净油污。

(2) 划线表面涂色

为了使划出的线条清楚,一般都要在工件的划线部位涂上一层薄而均匀的涂料。常用的有石灰水(常在其中加入适量的牛皮胶来增加附着力),一般用于表面粗糙的铸、锻件毛坯的划线；蓝油（在酒精中加漆片和蓝色颜料配成）和硫酸铜溶液用于已加工表面的划线。

（3）工件孔中装入中心塞块

划线时，为了找出孔的中心，以便用划规划圆，在孔中要装入中心塞块，如图1.2.14所示。小孔可用木塞块或铅塞块，大孔可用调节塞块。塞块要塞紧，保证打样冲眼或搬动工件时不会松动。

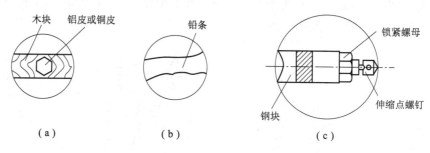

图1.2.14　中心塞块

4. 平面划线

（1）样板划线

对于各种平面形状复杂、批量大而精度要求一般的零件，在进行平面划线时，为节省划线时间、提高划线效率，可根据零件的尺寸和形状要求，先加工一块平面划线样板，然后根据划线样板，在零件表面上仿划出零件的加工界线，如图1.2.15所示。

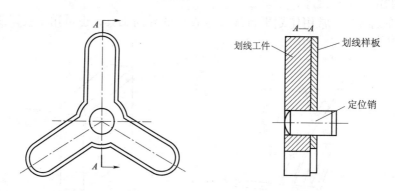

图1.2.15　样板划线

（2）几何划线

几何划线法是根据零件图的要求，直接在毛坯或零件上利用平面几何作图的基本方法划出加工界线的方法。它的基本线条有平行线、垂直线、圆弧与直线或圆弧与圆弧的连接线、圆周等分线、角度等分线等，其划线方法都和平面几何作图方法一样，划线过程不再赘述。

（3）平面划线基准的选择

划线时，首先要选择和确定基准线或基准平面，然后根据它划出其余的线。一般可选用图纸上的设计基准或重要孔的中心线作为划线基准；如工件上个别平面已加工过，则应选加工过的平面作为基准。常见的划线基准有3种。

①以两个相互垂直的平面为基准。图 1.2.16 所示的工件的尺寸是以两个相互垂直的平面为设计基准，因此，划线时应以这两个平面为划线基准。

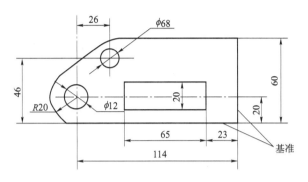

图 1.2.16　以两个平面为基准

②以一条中心线和与它垂直的平面为基准。如图 1.2.17 所示的工件，其设计基准是底平面及中心线。因此，在划高度尺寸线时，应以底平面为划线基准；划宽度尺寸线时，应以中心线为划线基准。

③以两条互相垂直的中心线为基准。如图 1.2.18 所示的工件，其设计基准为两条互相垂直的中心线，因此，在划线时应选择两条中心线为划线基准。

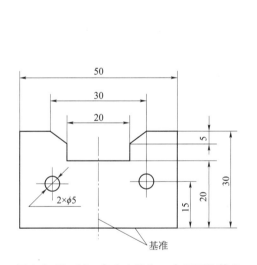

图 1.2.17　以一条中心线和一个平面为基准

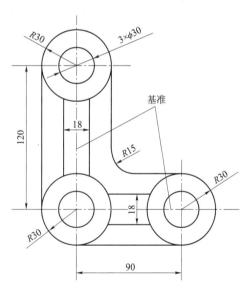

图 1.2.18　以两条中心线为基准

5. 立体划线

（1）立体划线时工件的放置、找正、借料及基准选择

①工件或毛坯的放置。立体划线时，零件或毛坯放置位置的合理选择十分重要。一般较复杂的零件都要经过 3 次或 3 次以上的放置，才可能将全部线条划出，而其中特别要重视第一划线位置的选择。

a. 第一划线位置的选择。优先选择如下表面：零件上主要的孔、凸台中心线或重要的加工面；相互关系最复杂及所划线条最多的一组尺寸线；零件中面积最大的一面。

b. 第二划线位置的选择。要使主要的孔、凸台的另一中心线在第二划线位置划出。

c. 第三划线位置的选择。通常选择与第一和第二划线位置相垂直的表面，该面一般是次要的、面积较小的、线条关系较简单且线条较少的表面。

②划线基准的选择。立体划线的每一划线位置都有一个划线基准，并且划线往往就是从这一划线位置开始的。它的选择原则是：尽量与设计基准重合；对称形状的零件，应以对称中心线为划线基准；有孔或凸台的零件，应以主要的孔或凸台的中心线为划线基准；未加工的毛坯件，应以主要的、面积较大的不加工面为划线基准；加工过的零件，应以加工后的较大表面为划线基准。

③划线时的找正。找正是利用划线工具检查或校正零件上有关的表面，使加工表面的加工余量得到合理的分布，使零件上加工表面与不加工表面之间尺寸均匀。零件找正是依照零件选择划线基准的要求进行的。零件的划线基准又是通过找正的途径来最后确定它在零件上的准确位置，所以找正和划线基准选择原则是一致的。

④划线时的借料。借料即通过试划和调整，将各个部位的加工余量在允许的范围内重新分配，使各加工表面都有足够的加工余量，从而消除铸件或锻件毛坯在尺寸、形状和位置上的某些误差和缺陷。对一般较复杂的工件，往往要经过多次试划，才能最后确定合理的借料方案。借料的一般步骤是：

a. 测量毛坯或工件各部分尺寸，找出偏移部位和偏移量。

b. 合理分配各部位加工余量，确定借料方向和大小，划出基准线。

c. 以基准线为依据，按图划出其余各线。

d. 检查各加工表面加工余量，若发现余量不足，则应调整各部位加工余量，重新划线。

（2）立体划线步骤

①熟悉图纸，详细分析工件上需要划线的部位；明确工件及其有关划线部位的作用和要求；了解有关的加工工艺。

②选定划线基准。

③根据图纸，检查毛坯工件是否符合要求。

④清理工件后涂色。

⑤恰当地选用工具和正确安放工件。

温馨提示：

①为熟悉各图样的作图方法，实际操作前可做一次纸上练习。

②划线工具的使用方法及划线动作必须正确掌握。

③学习的重点是如何保证划线尺寸的准确性、划出的线条细而清晰及打样冲孔的准确性。

④工具要合理放置，要把左手用的工具放在作业件的左侧，右手用的工具放在作业件的右侧，并要整齐、稳妥。

⑤任何工件在划线后，都必须仔细复检校对，避免出现差错。

任务评价

填写评价表

	工作任务评价表			
任务名称：	班级： 小组： 姓名：		指导教师： 日　期：	
评价项目	评价标准	评价方式	权重	小计
		1. 护目镜、衣扣、袖口系紧；2. 量具使用完后放回量具盒；3. 机床、工具箱台面清理；4. 高度尺使用完后收回办公室；5. 机床设备使用登记本填写；6. 教室、厂房清理		
职业素养	1. 遵守实训规章制度 2. 严格执行"6S"管理 3. 遵守安全生产规定 4. 组织协作能力		0.3	
专业能力	1. 理解装配要求并制订正确的装配工艺 2. 正确、合理选用工、量具 3. 操作准确、规范 4. 分析判断准确 5. 任务完成质量好		0.5	
创新能力	1. 任务过程中主动分析、解决问题 2. 合理组织任务实施		0.2	
合计				

1.3 锉　　削

任务描述

根据任务要求完成钳工课程所需熟练掌握的锉削姿势。

任务要求

①初步掌握平面锉削时的站立姿势和动作。

②懂得锉削时两手用力的方法。
③能正确掌握锉削速度。
④懂得锉刀的保养和锉削时的安全知识。

理论知识

1. 锉削的基本姿势

（1）锉刀柄的装拆方法（图1.3.1）

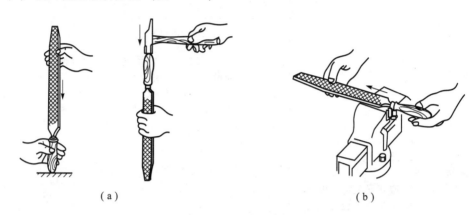

图1.3.1 锉刀柄的装拆
（a）装锉刀柄的方法；（b）拆锉刀柄的方法

（2）平面锉削的姿势

锉削姿势正确与否，对锉削质量、锉削力的运用和发挥及对操作时的疲劳程度都起着决定性的影响，必须正确掌握。要从握锉、站立步位和姿势动作及操作用力这几方面，反复练习，达到协调一致。

①锉刀握法。大于250 mm板锉的握法如图1.3.2（a）所示。右手握紧锉刀柄，柄端抵住在拇指根部的手掌上，大拇指放在锉刀柄的上部，其余手指由下而上地握着锉刀柄；左手的基本握法是将拇指的根部肌肉压在锉刀头上，拇指自然伸直，其余四指弯向手心，用中指无名指捏住锉刀前端。还有两种左手的握法，如图1.3.2（b）和图1.3.2（c）所示。右手推动锉刀并决定推动方向，左手协同右手使锉刀保持平衡。

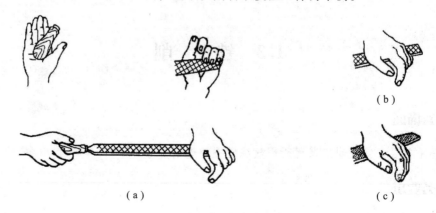

图1.3.2 大板锉的握法

②姿势动作。锉削时的站立部位和姿势如图 1.3.3 所示，锉削动作如图 1.3.4 所示。

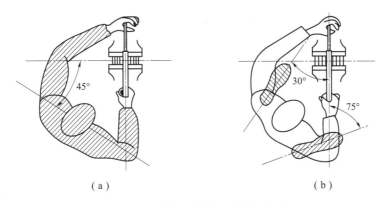

图 1.3.3 锉削时的站立部位和姿势

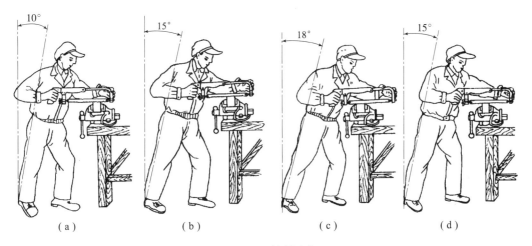

图 1.3.4 锉削动作

两手握住锉刀放在工件上面，左臂弯曲，小臂与工件锉削面的左右方向保持基本平行，右小臂要与工件锉削面的前后方向保持基本平行，并且要自然；锉削行程，身体应与锉刀一起向前，右脚伸直并稍向前倾，重心在左脚，左膝部呈弯曲状态；锉刀回程，当锉刀锉至约 3/4 行程时，身体停止前进，两臂则继续将锉刀向前锉到头，同时，左腿自然伸直并随着锉削时的反作用力，将身体重心后移，使身体恢复原位，并顺势将锉刀收回，当锉刀收回将近结束，身体又开始前倾，做第二次锉削的向前运动。

③锉削时两手的用力和锉削速度。要锉出平直的平面，必须使锉刀保持直线的锉削运动，为此，锉削时右手的压力要随锉刀推动而逐渐增加，左手的压力要随锉刀推动而逐渐减小，如图 1.3.5 所示。回程时不加压力，以减少锉齿的磨损，锉削速度一般应在 40 次/min 左右，推出时稍慢，回程时稍快，动作要自然协调。

2. 锉刀的注意事项

（1）锉刀的保养

①新锉刀先使用一面，等用钝后再使用另一面。

②在粗锉时，应充分使用锉刀的有效全长，避免局部磨损。

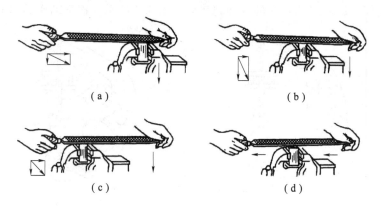

图 1.3.5 锉平面时的两手用力

③锉刀上不可沾油或水。

④如果锉屑嵌入齿缝内,必须及时用钢丝刷清除。

⑤不可锉毛坯硬皮及经过淬硬的工件,锉削铝、铜等软金属时,应使用单齿纹锉刀。

⑥铸件表面如有硬皮,则应先用旧锉刀或锉刀的有齿侧边锉去硬皮,然后再进行加工。

⑦锉刀使用完毕后,必须清刷干净,以免生锈。

⑧在使用过程中或放入工具箱时,不可与其他工具或工件堆放在一起,也不可与其他锉刀互相重叠堆放,以免损害锉齿。

⑨锉削时的文明生产和安全生产知识。

⑩锉刀是右手工具,应放在台虎钳的右面。放在钳台上时,锉柄不可露在钳桌外面,以免碰掉地上砸伤脚或损坏锉刀。

⑪没有装柄的锉刀或刀柄已裂开的锉刀不可使用。

⑫锉削时,锉刀柄不能撞击到工件,以免锉刀柄脱落造成事故。

⑬不能用嘴吹锉屑,也不能用手擦摸锉削表面。

⑭锉刀不可用作撬棒或手锤。

3. 实训步骤

①将实训件正确地装夹在台虎钳中间,锉削面高出钳口面约 15 mm。

②用旧的 300 mm 粗板锉,在实训件凸起的阶台上做锉削姿势练习。开始采用慢动作练习,初步掌握后再做正常速度练习,要求全部采用一种握法,做顺向锉削。练习件锉后最小厚度尺寸不能小于 27 mm。

温馨提示:

①锉削是钳工的一种重要基本操作。正确的姿势是掌握锉削的基础,因此要求必须练好。

②初次练习时,会出现各种不正确的姿势,特别是双手和身体不协调,要随时注意并及时纠正,若让不正确的姿势成为习惯,纠正就困难了。

③在练习姿势动作时,也要注意掌握两手用力如何变化,才能使锉刀在工件上保持平衡。

任务评价

填写评价表

工作任务评价表					
任务名称：		班级： 小组： 姓名：	指导教师： 日　期：		
评价项目	评价标准	评价方式		权重	小计
^^	^^	1. 护目镜、衣扣、袖口系紧；2. 量具使用完后放回量具盒；3. 机床、工具箱台面清理；4. 高度尺使用完后收回办公室；5. 机床设备使用登记本填写；6. 教室、厂房清理		^^	^^
职业素养	1. 遵守实训规章制度 2. 严格执行"6S"管理 3. 遵守安全生产规定 4. 组织协作能力			0.3	
专业能力	1. 理解装配要求并制订正确的装配工艺 2. 正确、合理选用工、量具 3. 操作准确、规范 4. 分析判断准确 5. 任务完成质量好			0.5	
创新能力	1. 任务过程中主动分析、解决问题 2. 合理组织任务实施			0.2	
合计					

1.4　锉削平面

任务描述

根据任务要求完成钳工课程所需熟练掌握的锉削平面的方法。

任务要求

①继续掌握正确的锉削姿势。

②懂得平面锉削的方法要领,并能形成锉削平面的初步技能。
③掌握用刀口直尺检查平面度的方法。

理论知识

1. 锉削平面的方法

(1) 锉削平面

①顺向锉 [图 1.4.1 (a)]。锉刀运动方向与工件夹持方向一致,在锉宽平面时,为了使整个加工表面能均匀地锉削,每次退回锉刀时,应在横向做适当的移动。顺向锉的锉纹整齐一致,比较美观,这是最基本的一种锉削方法。

②交叉锉 [图 1.4.1 (b)]。锉刀运动方向与工件夹持方向呈 30°~40°,且锉纹交叉,由于锉刀与工件的接触面大,锉刀容易掌握平稳,同时,从锉痕上可以判断出锉削面的高低情况,因此容易把平面锉平。交叉锉法一般适用于锉粗糙面,精锉时,必须采用顺向锉,使锉痕与直锉纹一致。

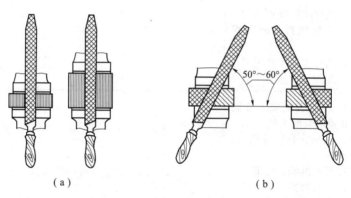

图 1.4.1 平面的锉法
(a) 顺向锉;(b) 交叉锉

(2) 锉平平面的练习要领

用锉刀锉平平面是一个技能技巧,而技能技巧都必须通过反复、多样性地刻苦练习才能形成。而掌握要领的练习,会使技能技巧的练习加快。

①要掌握好正确的动作姿势。
②注意锉削力的正确和熟练运用,使锉削时保持锉刀的平衡运动。
③操作时注意力要集中,练习过程要用心研究。
④练习前了解几种锉不平的具体因素(见表 1.4.1),便于练习中分析改进。

表 1.4.1 平面不平的形式和原因

形式	产生的原因
平面中凸	①锉削时,双手的用力不能使锉刀保持平衡; ②锉刀在开始推出时,右手压力太大,锉刀被压下,锉刀推到前面,左手压力太大,锉刀被压下,形成前、后面多锉; ③锉削姿势不正确; ④锉刀本身中凹

续表

形式	产生的原因
对角扭曲或塌角	①右手或左手施加压力时,重心偏在锉刀的一侧; ②工件没有夹持准确; ③锉刀本身扭曲
平面横向中凸或中凹	锉刀在锉削时左右移动不均匀

2. 检查数据

(1) 检查平面度的方法

锉削工件时,由于锉削平面较小,其平面度通常都采用刀口直尺通过透光法来检查。检查时,刀口直尺应垂直放在工件表面上[图1.4.2 (a)],并在加工面的纵向、横向、对角方向多处逐一进行[图1.4.2 (b)]。如果刀口直尺与工件平面间透光微弱而均匀,说明该平面是平直的。如果透光强弱不一,说明该平面是不平的。平面度误差值的确定可用厚薄规做塞入检查。对于中凹平面,取各检查部位中的最大值;对于中凸平面,则应在两边以同样厚度的塞尺做塞入检查,并取各检查部位中的最大值[图1.4.2 (c)]。

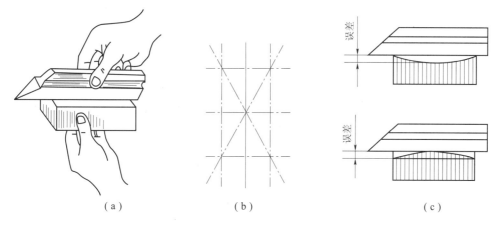

图 1.4.2 用刀口直尺检查平面度

(a) 垂直放在工件表面;(b) 检查方向;(c) 检查中凹、中凸平面

(2) 检查垂直度的方法(图 1.4.3)

3. 实训步骤

①检查来料尺寸,掌握好加工余量的大小。

②先在宽平面上,后在狭平面上采用顺向锉练习锉平(图 1.4.4)。有錾痕的表面可用交叉法锉去。

温馨提示:

①练习时,要把注意力集中在两个着重点:一是操作姿势、动作要正确;二是要锻炼两手用力方向、大小,并经常用刀口直尺检查加工面的平直度情况,来判断自己的手是否规律。若不规律,则改进,逐步形成平面锉削的技能技巧。发现问题要及时纠正,要克服盲目的、机械的练习方法。

②锉削后实训件的宽度和厚度尺寸不得小于 68 mm 和 26 mm,锉削纹路必须沿直向平行一致。

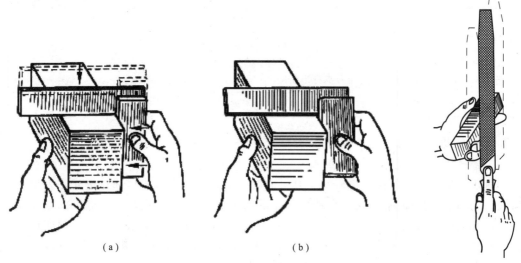

图1.4.3 用角尺检查工件垂直度
(a) 正确；(b) 错误

图1.4.4 锉削平面

③正确使用工、量具，并做到文明、安全操作。

④检查垂直度时，要注意角尺从上向下移动的速度，压力不要太大；否则，易造成尺座的测量面离开工件基准面，仅根据被测面的透光情况就认为垂直正确，而实际上并没有达到正确的垂直度。

⑤刀口直尺在检查平面上改变位置时，不能在平面上拖动，应提起后再轻放到另一检查位置；否则，直尺的边容易磨损，降低其精度。

任务评价

填写评价表

工作任务评价表			
任务名称：		班级： 小组： 姓名：	指导教师： 日　期：
评价项目	评价标准	评价方式 1. 护目镜、衣扣、袖口系紧；2. 量具使用完后放回量具盒；3. 机床、工具箱台面清理；4. 高度尺使用完后收回办公室；5. 机床设备使用登记本填写；6. 教室、厂房清理	权重	小计
职业素养	1. 遵守实训规章制度 2. 严格执行"6S"管理 3. 遵守安全生产规定 4. 组织协作能力		0.3	

续表

工作任务评价表			
任务名称：	班级： 小组： 姓名：	指导教师： 日　　期：	
评价项目	评价标准	评价方式 1. 护目镜、衣扣、袖口系紧；2. 量具使用完后放回量具盒；3. 机床、工具箱台面清理；4. 高度尺使用完后收回办公室；5. 机床设备使用登记本填写；6. 教室、厂房清理	权重	小计
专业能力	1. 理解装配要求并制订正确的装配工艺 2. 正确、合理选用工、量具 3. 操作准确、规范 4. 分析判断准确 5. 任务完成质量好		0.5	
创新能力	1. 任务过程中主动分析、解决问题 2. 合理组织任务实施		0.2	
合计				

1.5　锉削长方体

任务描述

根据任务要求完成钳工课程所需熟练掌握的锉削长方体的方法。

任务要求

①提高并熟练平面锉削技能，达到一定的锉削精度。
②掌握游标卡尺的测量方法（图1.5.1和图1.5.2）。

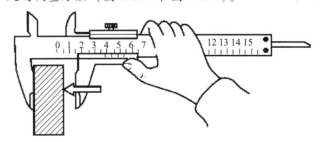

图1.5.1　测量时量爪的动作

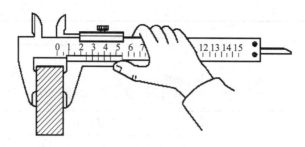

图 1.5.2　量爪就位后可读数

③熟练掌握角尺的使用。

④掌握用 250 mm 细板锉锉削加工，表面粗糙度达到 $Ra \leqslant 3.2\ \mu m$。

理论知识

1. 锉削工作要求

①250 mm 细板锉的使用。250 mm 细板锉用来对平面进行精锉加工，并达到加工表面较小的粗糙度。

②用细板锉做精加工表面时，锉削力无须很大，为使锉削时便于掌握锉刀的平衡，其锉刀的握法与 300 mm 粗板锉的握法不同（图 1.5.3）。

③细板锉一般能加工出表面粗糙度 $Ra \leqslant 3.2$ mm 表面。为了达到更光洁的加工表面，可在锉刀的尺面涂上粉笔灰，不让锉屑嵌入锉刀齿纹内，使锉出的表面粗糙度 $Ra \leqslant 1.6$ mm。在锉削钢件时，特别在锉削韧性较大的材料时，锉屑易嵌入锉刀齿纹内拉伤加工表面，使表面粗糙度增大，为此，必须经常用钢丝刷刷去或用薄铁片剔除（图1.5.4）。

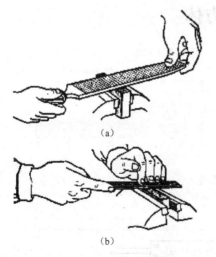

图 1.5.3　250 mm 细板锉握法

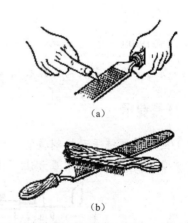

图 1.5.4　清除锉刀内的锉屑

2. 锉削步骤

①粗、精锉基准面 A。粗锉用 300 mm 粗板锉，精锉用 250 mm 细板锉。达到平面度为 0.04 mm，表面粗糙度 $Ra \leqslant 3.2\ \mu m$ 的要求。

②粗、精锉基准面 A 的对面,用游标高度尺划出相距 34 mm 的平面加工线,先粗锉,留 0.15 mm 左右的精锉余量,再精锉达到图样要求。

③粗、精锉基准面 A 的任一邻面。用角尺和划针划出平面加工线,然后锉削达到图样要求。

④粗、精锉基准面 A 的任一邻面。先以距离对面 34 mm 处划平面加工线,然后粗锉,留 0.15 mm 左右的精锉余量,使精锉达到图样要求。

⑤全部精度复检,并做必要的修正锉削。最后将两端的锐边进行倒角 $C1$。

温馨提示:

①加工夹紧时,要在虎钳上垫好软金属衬垫,避免工件端面的夹伤。

②在锉削时,要正确掌握好加工余量,认真、仔细检查尺寸等情况,避免精度超差;要采用顺向锉,并使用锉刀有效地对全长进行加工。

③基准面是作为加工控制其余各面时的尺寸位置精度的测量基准,故必须在达到其规定的平面度要求后,才能加工其他面。

④为保证取得正确的垂直度,各方面的横向尺寸差值必须首先尽可能取得较高的精度;在测量时,锐边必须去除毛刺倒棱,以保证测量的准确性。

任务评价

填写评价表

工作任务评价表				
任务名称:		班级: 小组: 姓名:	指导教师: 日　　期:	
评价项目	评价标准	评价方式	权重	小计
		1. 护目镜、衣扣、袖口系紧;2. 量具使用完后放回量具盒;3. 机床、工具箱台面清理;4. 高度尺使用完后收回办公室;5. 机床设备使用登记本填写;6. 教室、厂房清理		
职业素养	1. 遵守实训规章制度 2. 严格执行"6S"管理 3. 遵守安全生产规定 4. 组织协作能力		0.3	
专业能力	1. 理解装配要求并制订正确的装配工艺 2. 正确、合理选用工、量具 3. 操作准确、规范 4. 分析判断准确 5. 任务完成质量好		0.5	

续表

	工作任务评价表		
任务名称：		班级： 小组： 姓名：	指导教师： 日　　期：
评价项目	评价标准	评价方式	权重	小计
		1. 护目镜、衣扣、袖口系紧；2. 量具使用完后放回量具盒；3. 机床、工具箱台面清理；4. 高度尺使用完后收回办公室；5. 机床设备使用登记本填写；6. 教室、厂房清理		
创新能力	1. 任务过程中主动分析、解决问题 2. 合理组织任务实施		0.2	
合计				

1.6　锉削曲面

任务描述

根据任务要求完成钳工课程所需熟练掌握的锉削曲面的方法。

任务要求

①懂得曲面锉削的应用。
②掌握曲面的锉削和精度检验的方法。
③能根据工件的不同几何形状和要求正确选用锉刀。
④能用锉刀做推锉操作。

理论知识

1. 锉削曲面的方法
（1）曲面锉削的应用
①配键。
②机械加工较为困难的曲面件，如凹凸曲面磨具、曲面样板及凸轮等的加工和修正。
③增加工件的外形美观。
（2）曲面锉削方法
曲面由各种不同的曲线形面所组成。最基本的曲面是单一的外圆弧面和内圆弧面。

掌握内外圆弧面的锉削方法和技能,是掌握各种锉削的基础。

1)锉削外圆弧面方法

锉削外圆弧面所用的锉刀都为板锉。锉削时,锉刀要同时完成两个运动:前进运动和锉刀绕工件圆弧中心的转动(图1.6.1)。锉削外圆弧面的方法有两种:

①顺着圆弧面锉[图1.6.1(a)]。锉削时,锉刀向前,右手下压,左手随着上提。这种方法能使圆弧面锉削得光洁、圆滑,但锉削位置不易掌握且效率不高,故适用于精锉圆弧面。

②横着圆弧面锉[图1.6.1(b)]。锉削时,锉刀做直线运动,并不断随圆弧面摆动。这种方法锉削效率高,并且便于按划线,均匀锉近似弧线,但只能锉成近似圆弧面的多棱形面,故适用于圆弧面的粗加工。

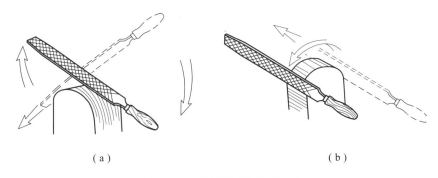

图1.6.1　外圆弧面的锉削方法

(a) 顺着圆弧面锉;(b) 横着圆弧面锉

2)锉削内圆弧面方法

锉削内圆弧面的锉刀可选用圆锉、半圆锉、方锉。锉削时,锉刀要同时完成三个运动:前进运动;随圆弧面向左或向右移动;绕锉刀中心线转动。只有同时完成以上运动,才能保证锉出的弧面光滑、准确。内圆弧面的锉削方法如图1.6.2所示。

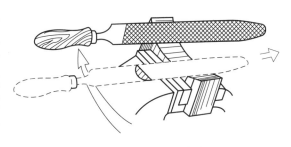

图1.6.2　内圆弧面的锉削方法

3)平面与曲面的连接方法

在一般情况下,应先加工平面,然后再加工曲面,才便于曲面与平面圆滑连接。如果先加工曲面后加工平面,则在加工平面时,由于锉刀侧面无依靠,从而产生左右移动,使已加工曲面损伤,同时,连接处也不易锉得圆滑,或者使圆弧不能与平面相切。

4)球面锉削方法

锉削圆柱形工件端部的球面时,锉刀要以直向和横向两种曲面锉法结合进行,才能方便地获得符合要求的球面。

5)曲面形体的轮廓度检查方法

对于曲面形体的线轮廓度,锉削练习时,可用曲面样板通过塞尺进行检查,如图1.6.3所示。推锉的操作方法如图1.6.4所示。由于推锉时锉刀的平衡易于掌握,且切削量小,因此,便于获得较平整的加工平面和良好的表面粗糙度。但由于推锉时的切削量很少,故一般常用作狭长小平面的平面度修整或对有凸台的狭平面[图1.6.4(a)]及为使内圆弧面的锉纹呈顺圆弧方向[图1.6.4(b)]的精锉加工。

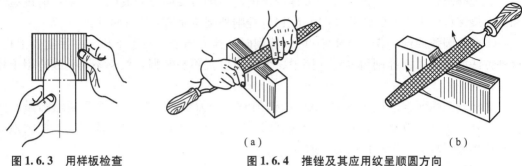

图1.6.3 用样板检查曲面轮廓度

图1.6.4 推锉及其应用纹呈顺圆方向
(a)修整狭长小平面;(b)使内圆弧面的锉纹呈顺圆弧方向

2. 实训步骤

①选择较平的面先锉,达到平面度为0.05 mm、表面粗糙度$Ra \leqslant 3.2$ μm的要求,并保证与六角面基本垂直。

②锉另一面,达到有关图样要求。

③划六角内切圆及圆弧倒角尺寸的加工线,并按加工线倒好两端的圆弧角。

④用同样的方法加工其他件。

温馨提示:

①在顺着圆弧锉时,锉刀上翘下摆的摆动幅度要大,才易于锉圆。

②圆弧锉削中常出现的几种形体误差:圆弧不圆,呈多角形;圆弧半径过大或过小;圆弧横向直线度与基准面的垂直度误差大;不按划线加工造成位置尺寸不正确;表面粗锉纹理不整齐。练习时应注意避免。

任务评价

填写评价表

工作任务评价表			
任务名称:	班级: 小组: 姓名:	指导教师: 日　　期:	
评价项目	评价标准	评价方式	权重	小计
		1. 护目镜、衣扣、袖口系紧;2. 量具使用完后放回量具盒;3. 机床、工具箱台面清理;4. 高度尺使用完后收回办公室;5. 机床设备使用登记本填写;6. 教室、厂房清理		
职业素养	1. 遵守实训规章制度 2. 严格执行"6S"管理 3. 遵守安全生产规定 4. 组织协作能力		0.3	

续表

		工作任务评价表		
任务名称：		班级： 小组： 姓名：	指导教师： 日　期：	
评价项目	评价标准	评价方式	权重	小计
		1. 护目镜、衣扣、袖口系紧；2. 量具使用完后放回量具盒；3. 机床、工具箱台面清理；4. 高度尺使用完后收回办公室；5. 机床设备使用登记本填写；6. 教室、厂房清理		
专业能力	1. 理解装配要求并制订正确的装配工艺 2. 正确、合理选用工、量具 3. 操作准确、规范 4. 分析判断准确 5. 任务完成质量好		0.5	
创新能力	1. 任务过程中主动分析、解决问题 2. 合理组织任务实施		0.2	
合计				

1.7　锯　　割

任务描述

根据任务要求完成钳工课程所需熟练掌握的锯割设备、工具与注意事项。

任务要求

①能对各种形体材料进行正确的锯割，操作姿势正确，并能达到一定的锯割精度。
②能根据不同材料正确选用锯条，并能正确安装。
③懂得锯条的折断原因和防止方法，了解锯缝产生歪斜的几种因素。
④做到安全、文明操作。

理论知识

用手锯把工件材料切割开或在工件上锯出沟槽的操作叫作锯割。

1. 锯割的概述

(1) 手锯构造

手锯由锯弓和锯条构成。锯弓是用来安装锯条的，它分为可调式（图1.7.1）和固定式两种。固定式锯弓只能安装一种长度的锯条，可调式锯弓通过调整可以安装几种长度的锯条，并且可调式锯弓的锯柄便于用力，所以目前被广泛使用。

(2) 锯条的正确选用

锯条根据锯齿的牙锯大小，有细齿、中齿、粗齿。使用时，应根据所锯材料的软硬、厚薄来选用，锯割软材料或厚材料时，选用粗齿锯条；锯割硬材料或薄材料时，应选用细齿锯条。一般来说，对锯割薄材料，在锯割截面上应有三个齿能同时参加锯割，这样才能避免锯齿被钩住和崩断。

(3) 手锯握法、锯割姿势、压力及速度要领

①握法。右手满握锯柄，左手轻扶在锯弓前端，如图1.7.1所示。

②姿势。锯割时的站立位置和身体摆动姿势与锉削时基本相似，摆动要自然。

③压力。锯割运动时的推力和压力由右手控制，左手主要配合右手扶正锯弓，压力不要过大。手锯退出时，为切削行程施加压力；返回行程不切削，不加压力，做自然来回。工件将断时，压力要小。

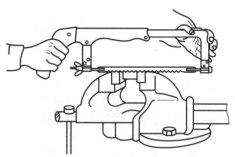

图1.7.1 可调式锯弓

④运动和速度。锯割一般采用小幅度的上下摆动式运动。即手锯推近时，身体略向前倾，双手随着压力锯割的同时，左手上翘、右手下压；回程时，右手上抬、左手自然跟回。对锯缝底面要求平直的锯割，必须采用直线运动。锯割运动的速度一般约为40次/min，锯割硬材料慢些，锯割软材料快些，同时，锯割行程应保持均匀，返回行程的速度应相对快些。

2. 锯割的操作方法

(1) 工件的夹持

工件一般应夹在台虎钳的左侧，以便操作；工件伸出钳口不应过长，应使锯缝离开钳口侧面20 mm左右，防止工件在锯割时产生振动；锯缝线条要与钳口侧面保持平行，便于控制锯缝不偏离划线线条；夹紧要牢靠，同时，要避免将工件夹变形或夹坏已加工面。

(2) 锯条的安装

手锯是在前推时才起切削作用，因此，锯条安装应使齿尖的方向朝前，如果装反了，锯齿前角为负值，则不能正常锯割。在调节松紧时，蝶形螺母不宜旋得太紧或太松，太紧时锯条受力太大，在锯割中用力稍有不当很容易折断，太松则锯割时锯条容易扭曲，也易折断，而且锯出的锯缝容易歪斜。其松紧程度可用手扳动锯条，感觉硬实即可。锯条安装后，要保证锯条平面与锯弓中心平面平行，不得倾斜和扭曲，否则，锯割时锯缝极易歪斜。锯条的安装如图1.7.2所示。

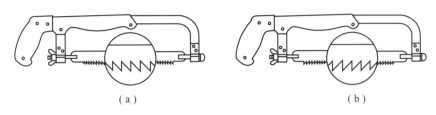

图 1.7.2 锯条的安装

(a) 安装正确；(b) 装反了

(3) 起锯方法

起锯是锯割工作的开始。起锯质量的好坏，直接影响锯割质量，如起锯不正确，会使锯条跳出锯缝，将工件拉毛或者引起锯齿崩裂。起锯有远起锯 [图 1.7.3 (a)] 和近起锯 [图 1.7.3 (c)] 两种。起锯时，左手拇指靠住锯条，使锯条能正确地锯在所需要的位置上，行程要短、压力要小、速度要慢。起锯角约为 15°，如果起锯角太大，则起锯不易平稳，尤其是近起锯时，锯齿会被工件棱边卡住而引起崩裂 [图 1.7.3 (b)]。但起锯角也不宜太小，否则，由于锯齿与工件同时接触的齿数较多，不易切除材料，多次起锯往往容易发生偏离，使工件表面锯出许多锯痕，影响表面质量。

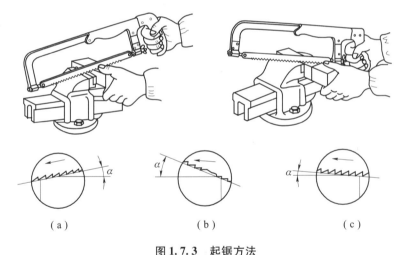

图 1.7.3 起锯方法

(a) 远起锯；(b) 起锯角过大；(c) 近起锯

一般情况下采用远起锯比较好。因为远起锯是逐步切入材料，锯齿不易卡住，起锯也比较方便。如果用近起锯而掌握不好，锯齿会被工件的棱边卡住。当起锯锯到槽深有 2~3 mm 时，锯条已不会滑出槽外，左手拇指可离开锯条，扶正锯弓，逐渐使锯痕向后成为水平，然后往下正常锯割。正常锯割时，应使锯条在每次行程中都能全部参加锯割。

3. 各种材料的锯割方法

(1) 棒料的锯割

如果锯割的断面要求平整，则应从开始连续锯到结束。若锯出的断面要求不高，可分几个方向锯下，这样，由于锯割面变小而容易锯入，可提高工作效率。

(2) 管子的锯割

锯割管子前，要划出垂直于轴线的锯割线。由于锯割对划线的精度要求不高，最简单的方法可用矩形纸条按锯割尺寸绕住工件外圆（图1.7.4），然后用滑石划出。锯割时，必须把管子夹正。对于薄壁管子和精加工过的管子，应夹在V形槽的两木衬垫之间（图1.7.5），以防将管子夹扁或夹坏表面。

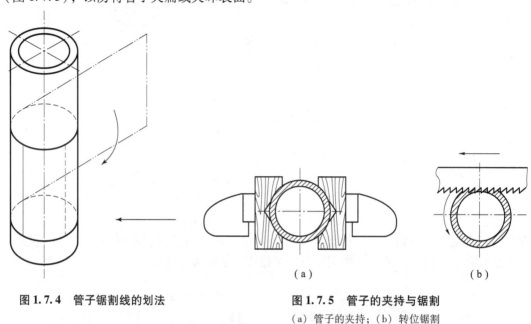

图1.7.4　管子锯割线的划法

图1.7.5　管子的夹持与锯割
(a) 管子的夹持；(b) 转位锯割

锯割薄壁管子时，不可在一个方向从开始连续锯割到结束，否则，锯齿会被管壁钩住而崩裂。正确的方法是先在一个方向锯到管子内壁处，然后把管子向推锯的方向转过一定角度，并连接原锯缝再锯到管子的内壁处，如此逐渐改变方向不断转锯，直到锯断为止［图1.7.5（b）］。

（3）薄材料的锯割

锯割时，尽可能从宽面上锯下去。当只能在板料的狭面上锯下去时，可用两块木板夹持，连木块一起锯下，避免锯齿钩住，同时也增加了板料的刚性，使锯割时不会颤动［图1.7.6（a）］。也可以把薄板料夹在台虎钳上，用手锯做横向斜推锯，使锯齿与薄板接触的齿数增加，避免锯齿崩裂［图1.7.6（b）］。

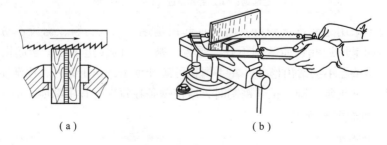

图1.7.6　薄板的锯割
(a) 木板夹持；(b) 台虎钳夹持

（4）深缝锯割

当锯缝的深度超过锯弓的高度时（图1.7.7），应将锯条转过90°重新安装，使锯弓

转到工件的旁边 [图 1.7.7（b）]；当锯弓横过来其高度仍不够时，也可把锯条安装成使锯齿在锯内进行锯割。

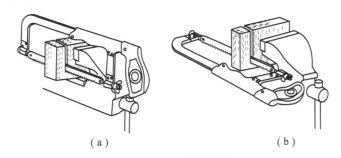

图 1.7.7　深缝的锯割
（a）锯条正常安装；（b）锯条 90°安装

4. 锯条折断的原因

①工件未夹紧，锯割时工件有松动。
②锯条装得过紧或过松。
③锯割压力过大或锯割时，用力突然偏离锯缝方向。
④强行纠正歪斜的锯缝，或调换新锯条后，仍在原锯缝过猛地锯下。
⑤锯割时，锯条中间局部磨损，拉长使用而被卡住引起折断。
⑥中途停止使用时，手锯未从工件中取出而碰断。

5. 锯齿崩裂的原因

①锯条选择不当，如锯薄板料、管子时，用粗齿。
②起锯时角度太大。
③锯割运动突然摆动过大，以及锯齿有过猛的撞击，使齿撞断。当局部几个锯齿崩裂后，应及时在砂轮机上进行修整，即将相邻的 2～3 齿磨底成凹圆弧（图 1.7.8），并把已断掉的齿磨光，如不立即处理，会使崩裂齿后面的各齿相继崩裂。

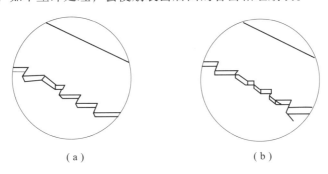

图 1.7.8　锯齿崩裂后的修正

6. 锯缝产生的原因

①工件安装时，锯缝线方向未能与铅垂线方向一致。
②锯条安装太松或锯弓平面扭曲。
③使用锯齿两面磨损不均的锯条。
④锯割压力过大，使锯条左右偏摆。
⑤锯弓未挡正或用力歪斜，使锯条背偏离锯缝中心平面，斜靠在锯割断面的一侧。

7. 安全知识

①锯条要装得松紧适当，锯割时不要突然用力过猛，防止锯条折断而从锯弓上崩出伤人。

②工件将锯断时，压力要小，避免压力过大而使工件突然断开，以及手向前冲造成事故。一般工件将锯断时，要用手扶住工件断开部分，避免掉下砸伤脚。

8. 实训图样

实训图样如图 1.7.9 所示。

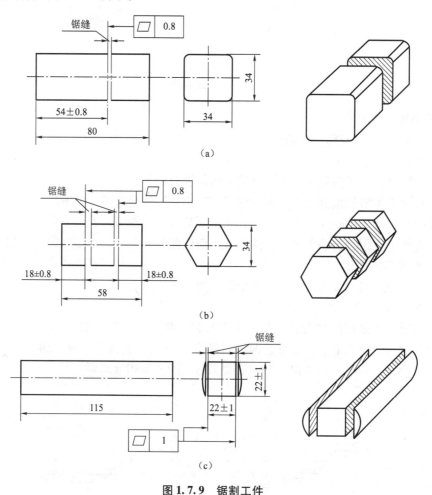

图 1.7.9　锯割工件

(a) 件 1；(b) 件 2；(c) 件 3

9. 任务步骤

①按图样尺寸对三件实训件划出锯割线（要求锯割线划 2 mm 宽）。

②锯件 1 四方铁（铸铁件）。达到尺寸（54±0.8）mm、锯割断面的平面度为 0.8 mm 的要求，以及锯痕整齐。

③锯钢六角件时，在角的内侧面采用远起锯。达到尺寸（18±0.8）mm、锯割断面的平面度为 0.8 mm 的要求，以及锯痕整齐。

④锯长方体（要求纵向锯）。达到尺寸（22±1）mm、锯割断面的平面度为 1 mm 的要求，以及锯痕整齐。

⑤锯割练习时,必须注意工件的安装夹持及锯条的安装是否正确。并要注意起锯方法和起锯角度是否正确,以免一开始锯割就造成废品或锯条损坏。

⑥初学锯割,对锯割速度不易掌握,往往推出速度过快,这样容易使锯条很快磨钝。同时,也常会出现摆动姿势不自然、摆动幅度过大等错误姿势,应该注意及时纠正。

⑦要经常注意锯缝的平直情况,及时纠正,以免歪斜过多,从而再做纠正时,不能保证锯割的质量。

⑧在锯割钢件时,可以加些机油,以减少锯条与锯割断面的摩擦及冷却锯条,提高锯条的使用寿命。

⑨锯割完毕,应将锯弓上张紧螺母适当放松,但不要拆下锯条,防止锯弓上的零件失散,并将其妥善放好。

任务评价

填写评价表

工作任务评价表			
任务名称:	班级: 小组: 姓名:		指导教师: 日　　期:

评价项目	评价标准	评价方式	权重	小计
		1. 护目镜、衣扣、袖口系紧;2. 量具使用完后放回量具盒;3. 机床、工具箱台面清理;4. 高度尺使用完后收回办公室;5. 机床设备使用登记本填写;6. 教室、厂房清理		
职业素养	1. 遵守实训规章制度 2. 严格执行"6S"管理 3. 遵守安全生产规定 4. 组织协作能力		0.3	
专业能力	1. 理解装配要求并制订正确的装配工艺 2. 正确、合理选用工、量具 3. 操作准确、规范 4. 分析判断准确 5. 任务完成质量好		0.5	
创新能力	1. 任务过程中主动分析、解决问题 2. 合理组织任务实施		0.2	
合计				

1.8 钻　孔

任务描述

根据任务要求完成钳工课程所需熟练掌握的钻孔设备、工具与注意事项。

任务要求

①掌握钻孔的方法。
②掌握钻床的保养方法。
③懂得划线钻孔的方法。

任务内容

①了解本工作场地台钻、立钻的规格、性能及其使用方法。
②掌握标准麻花钻的刃磨方法。
③懂得钻孔（图1.8.1）时转速的选择方法。
④掌握划线钻孔方法，并能进行一般孔的钻削加工。
⑤懂得钻孔时工件的几种基本装夹方法。
⑥进行安全文明生产。

理论知识

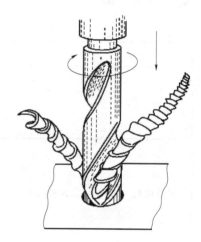

图1.8.1　钻孔

1. 钻床的使用保养

（1）台钻

台式钻床简称台钻，其组成部分如图1.8.2所示，这是一种小型钻床，一般用来加工小型零件上直径小于等于12 mm的小孔。

1）传动变速

操纵电器转换开关，能使电动机1正、反转启动或停止。电动机的旋转动力由装在电动机和主轴2上的多级三角带3通过三角皮带4传给主轴。钻孔时，必须使主轴做顺时针方向转动；变速时，必须先停车。主轴的进给运动由操作进给手柄5控制。

对钻轴头架的升降调整时，只需要先松开本身的锁紧装置，摇动升降手柄，调整到所需位置，然后再将其锁紧即可。对头架升降无自锁性的台钻做升降调整时，必须在松开锁紧装置前，对头架做必要的支

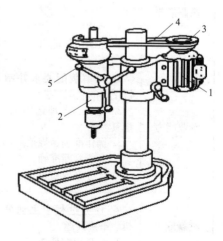

1—电动机；2—主轴；3—多级三角带；
4—三角皮带；5—手柄。

图1.8.2　台钻外形

持。以免头架突然下落造成事故。

2）维护保养。

①在使用过程中，工作台面必须保持清洁。

②钻通孔时，必须使钻头能通过工作台面上的让刀孔，或在工件下面垫上垫铁，以免钻坏工作台面。

③下班时，必须将机床外露滑动面及工作台面擦净，并对各滑动面及各注油孔加注润滑油，将工作台降到最低位置。

（2）立钻

立式钻床简称立钻，其组成部分如图 1.8.3 所示，一般用来钻中型工件上的孔，其钻孔直径有 25 mm、40 mm 和 50 mm 等几种。

1）主要机构和使用调整

①主轴变速箱位于机床的顶部，主电动机安装在它的后面，变速箱左侧有两个变速手柄，参照机床的变速标牌，调整这两个手柄位置，能使主轴获得所需的不同转速。

图 1.8.3 立钻

②进给变速箱位于主轴变速箱和工作台之间，安装在立柱的导轨上。进给变速箱的位置高度按被加工零件的高度进行调整。调整前，需首先松开锁紧螺钉，待调整到所需高度，再将锁紧螺钉锁紧即可。进给变速箱左侧的手柄为主轴反转启动或停止的控制手柄。正面有两个较短的进给变速手柄，按变速标牌指示的进给速度与对应的手柄位置扳动手柄，可获得所需的机动进给速度。

③在进给变速箱的右侧有三星式进给手柄，这个手柄连同箱内的进给装置，统称进给机构。用它可以选择机动进给、手动进给、超越进给或攻丝进给等不同操作方式。

④工作台安装在立柱导轨上，可通过安装在工作台下面的升降机构进行操作，转动升降手柄即可调节工作台的高低位置。

⑤在立柱左边底座凸台上安装有冷却泵和冷却电动机。启动冷却电动机即可输送冷却液对刀具进行冷却润滑。

2）使用规则及维护保养

①立钻使用前，必须先空转试车，在机床各机构都能正常工作时才能操作。

②工作中不采用机动进给时，必须将三星手柄端盖向里推，断开机动进给传动。

③变换主轴转速或机动进给量时，必须在停车后进行调整。

④常检查润滑系统供油情况。

⑤维护保养内容参照立钻一级保养要求。

（3）摇臂钻床

用立式钻床在一个工件上加工多孔时，每加工一个孔，工件就得移动找正一次。这对于加工大型工件，工作任务是非常繁重的，并且使钻头中心准确地与工件上的钻孔中心重合，也是很困难的。

因此，采用主轴可以移动的摇臂钻床（图 1.8.4）来加

图 1.8.4 摇臂钻床

工这类零件就比较方便。工件安装在机座上或机座上面的工作台上。主轴装在可绕垂直立柱回转的摇臂上,并可沿着摇臂上水平导轨往复移动。上述两种运动可将主轴调整到机床加工范围内的任何位置上。因此,在摇臂钻床上加工多孔的工件时,工件可以不移动,只要调整摇臂和主轴箱在摇臂上的位置,即可方便地对准孔中心。此外,摇臂还可沿立柱上升或下降,使主轴箱的高低位置适合工件加工部位的高度。

2. 钻头的刃磨方法

(1) 标准麻花钻的刃磨角度(图1.8.5)

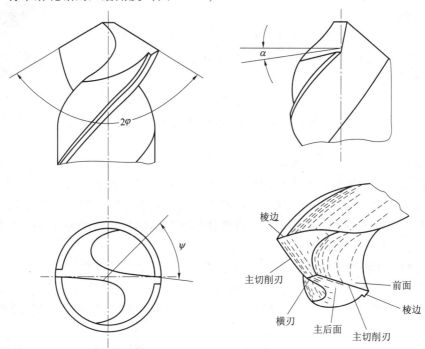

图1.8.5 标准麻花钻的刃磨角度

① 顶角 2φ 为 $118°\pm2°$。

② 外缘处的后角 α,对直径小于 15 mm 的钻头,为 $10°\sim14°$。

③ 横刃斜角 ψ 为 $55°$ 左右。

④ 两主切削刃长度及和钻头轴心线组成的两个 φ 角要相等。图 1.8.6 所示为刃磨正确和不正确的钻头加工后所得孔的情况。图 1.8.6(a)所示为刃磨正确;图 1.8.6(b)所示为两个 φ 角磨得不对称;图 1.8.6(c)所示为主切削刃长度不一致;图 1.8.6(d)所示为两个角不对称,主切削刃长度也不一致。这样会使得在钻孔时将钻出的孔扩大或歪斜。同时,由于两主切削刃所受的切削力不均衡,造成钻头很快磨损。

⑤ 两个主切削刃后面要刃磨光滑。

(2) 标准麻花钻的刃磨及检验方法

1) 两手握法

右手握住钻头的头部,左手握住柄部(图1.8.7)。

2) 钻头与砂轮的相对位置

钻头轴心线与砂轮圆柱母线在水平平面内的夹角等于钻头顶角的一半,被刃磨部分的主切削刃处于水平位置[图1.8.7(a)]。

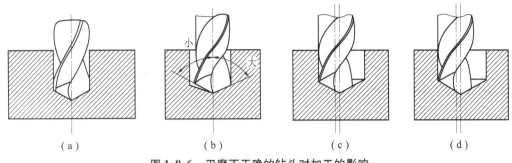

图 1.8.6 刃磨不正确的钻头对加工的影响

(a) 刃磨正确；(b) 两个角不对称；(c) 主切削刃长度不一致；(d) 角、主切削刃都不正确

3）刃磨动作

将主切削刃在略高于砂轮水平中心平面处先接触砂轮［图 1.8.7（b）］。右手缓慢地使钻头绕自己的轴线由下向上转动，同时施加适当的刃磨压力，这样可使整个后面都磨到。左手配合右手做缓慢的同步下压运动，这样便于磨出后角，其下压的速度及其幅度随要求的后角大小而变，为保证钻头近中心处磨出较大后角，还应做适当的右移运动。刃磨时，两手动作的配合要协调、自然。按此不断反复，两个主切削刃后面经常轮换，直至达到刃磨要求。

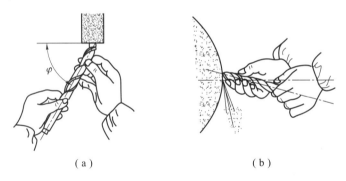

图 1.8.7 钻头刃磨时与砂轮的相对位置及刃磨动作

(a) 钻头与砂轮的相对位置；(b) 刃磨动作

4）钻头冷却

钻头刃磨压力不宜过大，并要经常蘸水冷却，防止因过热退火而降低硬度。

5）砂轮选择

一般采用粒度为 46～80、硬度为中软级（ZR1～ZR2）的砂轮为宜。砂轮旋转必须平稳，对跳动量大的砂轮，必须进行修整。

6）刃磨检验

钻头的几何角度及两主切削刃的对称等要求，可利用检验样板进行检验（图 1.8.8）。但在刃磨过程中最经常使用的还是目测的方法。目测检验时，把钻头切削部分向上竖立，两眼平视，由于两主切削刃一前一后会产生视差，往

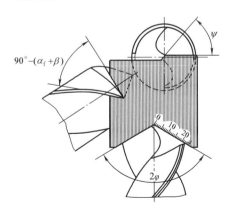

图 1.8.8 用样板检查刃磨角度

往感到左刃（前刃）高而右刃（后刃）低，所以要旋转180°后反复看几次，如果结果一样，就说明对称了。钻头外缘处的后角要求，可对外缘处靠近刃口部分的后刀面的倾斜情况进行直接目测。近中心处的后角要求，可通过控制横刃斜角的合理数值来保证。

3. 划线钻孔的方法

（1）钻孔时的工件划线

按钻孔的位置尺寸要求，划出孔位的十字中心线，并打上中心样冲（要求冲眼小，位置准）。按孔的大小划出孔的圆周线。对钻直径较大的孔，应划出几个大小不等的检查圆［图1.8.9（a）］，以便钻孔时检查和借正钻孔位置。当钻孔的位置尺寸要求较高时，为了避免敲击中心样冲眼时产生偏差，也可直接划出以孔中心线为对称中心的几个大小不等的方格［图1.8.9（b）］作为钻孔时的检查线。然后将中心样冲眼敲大，以便准确落钻定心。

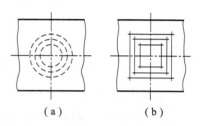

图1.8.9 孔位检查线形成
(a) 检查圆；(b) 检查方格

（2）工件的装夹

工件钻孔时，要根据工件的不同形式及钻削力的大小（或钻孔的直径大小）等情况，采用不同的装夹（安装和紧夹）方法，以保证钻孔的质量和安全。常用的基本装夹方法如下：

①平正的工件可用平口虎钳装夹［图1.8.10（a）］。装夹时，应使工件表面与钻头垂直。钻直径大于8 mm孔时，必须将平口钳用螺栓、压板固定。用虎钳夹持工件钻通孔时，工件底部应垫上垫铁，空出落钻部位，以免钻坏虎钳。

②圆柱形的工件可用V形铁对工件进行装夹［图1.8.10（b）］。装夹时，应使钻头轴心线与V形铁两斜面的对称平面重合，保证钻出孔的中心线通过工件轴心线。

③对较大的工件钻孔且钻孔直径在10 mm以上时，可用压板夹持的方法进行钻孔［图1.8.10（c）］。在搭压板时，应注意：

● 压板厚度与压紧螺栓直径的比例适当，不要造成压板弯曲变形而影响压紧力。

● 压板螺栓应尽量靠近工件，垫铁应比工件压紧表面高度稍高，以保证对工件有较大的压紧力并可避免工件在夹紧过程中移动。

● 当压紧表面为已加工表面时，要用衬垫进行保护，防止压出印痕。

④底面不平或加工基准在侧面的工件，可用角铁进行装夹［图1.8.10（d）］。由于钻孔时的轴向钻削力作用在角铁安装平面之外，故角铁必须用压板固定在钻床工作台上。

⑤在小型工件或薄板件上钻小孔时，可将工件放置在定位块上，用手虎钳进行夹持［图1.8.10（e）］。

⑥圆柱工件端面钻孔，可用三爪卡盘装夹［图1.8.10（f）］。

（3）钻头的装拆

工件钻孔一般都应夹紧，仅在当工件较大而钻孔较小（小于8 mm）、便于手握时才可用手握住工件钻孔。

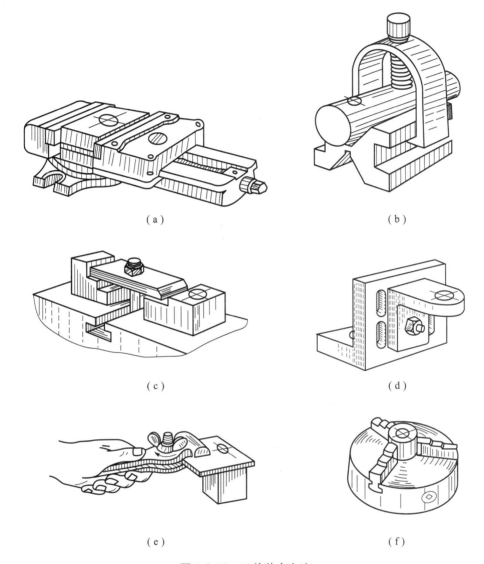

图 1.8.10 工件装夹方法
(a) 平口虎钳装夹；(b) V形铁装夹；(c) 压板装夹；(d) 角铁装夹；(e) 定位块装夹；(f) 三爪卡盘装夹

1) 直柄钻头装拆

直柄钻头用钻夹头夹持。先将钻头柄部插入钻夹头的两只卡爪内，其夹持长度不能小于 15 mm，然后用钻夹头钥匙旋转外套，使环形螺母带动三只卡爪移动，做夹紧或放松动作（图 1.8.11）。

2) 锥柄钻头装拆

锥柄钻头用柄部的莫氏锥体直接与钻床主轴连接。连接时，必须将钻头锥及主轴锥孔擦干净，且使矩形舌部的长向与主轴上的腰形孔中心线方向一致，利用加速冲力一次装接 [图 1.8.12 (a)]。当钻头锥柄小于主轴锥孔时，可加过渡锥套 [图 1.8.12 (b)] 来连接。对套孔内的钻头和在钻床主轴上的拆卸，是用斜铁敲入套筒或钻床主轴上

图 1.8.11 用钻夹头连接

的腰形孔内，斜铁带圆弧的一边要放在上边，利用斜铁斜面的张紧分力，使钻头与套筒或主轴分离 [图1.8.12（c）]。

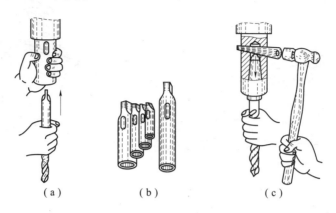

图1.8.12　锥柄钻头的装拆及过渡锥套
（a）装接钻头；（b）过渡锥套；（c）拆卸钻头

钻头在钻床主轴上的装接要求，应保证装接牢固，且旋转时的径跳现象最不明显。

(4) 钻床转速的选择

选择时，要考虑如下因素：先确定钻头的允许切削速度，在用高速钢钻头钻铁件时，$v=14\sim 22$ m/min；钻钢件时，$v=14\sim 24$ m/min；钻青铜或黄铜件时，$v=30\sim 60$ m/min。当工件材料的强度和硬度较高时，取较小值；钻头直径小时，也取较小值；钻孔深度 $L>3d$ 时，还应将取值乘以 $0.7\sim 0.8$ 的修正系数。

用下式求出钻头转速 n：

$$n=100v/(\pi d)\;(\text{r/min})$$

式中，v 为切削速度，m/min；d 为钻头直径，mm。

例如，在钢件上钻 $\phi 10$ mm 的孔，钻头材料为高速钢，钻孔深度为 25 mm，则应选用的钻头转速：

$$n=100v/(\pi d)=1\,000\times 19/(3.14\times 10)\approx 600\;(\text{r/min})$$

(5) 起钻

钻孔时，先使钻头对准钻孔中心，起钻出一浅坑，观察钻孔位置是否正确，并要不断纠正，使其钻浅坑与划线圆同轴。借正方法：如偏位较少，可在起钻的同时用力将工件向偏位的反方向推移，达到逐步借正；如偏位较多，可在借正方向打上几个样冲眼或用油槽凿凿出几条槽 [图1.8.13（b）]，以减少此处的钻削阻力，达到借正目的。但无论何种方法，都必须在锥坑外圆小于钻头直径之前完成，这是保证达到钻孔位置精度的重要一环。如果起钻锥坑外圆已经达到孔径，而孔位仍偏移，那再借正就困难了。

(6) 手动进给操作

当起钻达到钻孔的位置要求后，即可压紧工件完成钻孔。手动进给时，进给用力不应使钻头产生弯曲现象，以免使钻孔轴线歪斜（图1.8.14）；钻小直径孔或深孔，进给力要小，并要经常退钻排屑，以免切屑阻塞而扭断钻头，一般在钻深达直径的3倍时，一定要退钻排屑；钻孔将穿时，进给力必须小，以防进给量突然过大，增大切削抗力，造成钻头折断，或使工件随着钻头转动而造成事故。

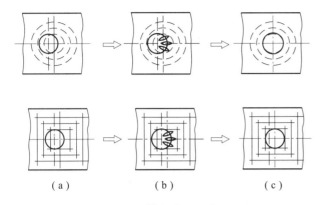
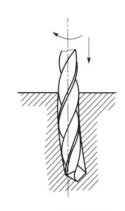

图1.8.13　用凿槽来借正试钻偏位的孔　　图1.8.14　钻孔时轴线歪斜

（7）钻孔时的冷却润滑

为了使钻头散热冷却，减少钻削时钻头与工件、切屑之间的摩擦，以及消除黏附在钻头和工件表面上的积屑瘤，从而降低切削抗力、提高钻头耐用度和改善加工表面的表面质量，钻孔时，要加注足够的冷却润滑液。钻钢件时，可用3%～5%的乳化液；钻铸铁时，一般可不加，或用5%～8%的乳化液连续加注。

（8）钻孔时的安全知识

①操作钻床时不可戴手套，袖口必须扎紧；女同学必须戴工作帽。

②工件必须夹紧，特别是在小工件上钻大直径孔时，装夹必须牢固，孔将钻穿时，要尽量减小进给力。

③开动钻床前，应检查是否有钻夹头钥匙或斜铁插在钻轴上。

④钻孔时，不可用手、棉纱或用嘴吹清除切屑，必须用毛刷清除，钻出长条切屑时，要用钩子钩断后除去。

⑤钻头不准与旋转的主轴靠得太近，停车时应让主轴自然停止，不可用手去刹住，也不能用反转制动。

⑥严禁在开车状态下装拆工件。检查工件和变换主轴转速必须在停车状况下进行。

⑦清洁钻床或加注润滑油时，必须把电动机关闭。

2. 实训图样

实训图样如图1.8.15所示。

3. 实训步骤

（1）完成麻花钻的刃磨练习

①由教师做刃磨示范。

②用练习钻钻头进行刃磨实训。

③完成实训件的钻孔钻头的刃磨。

（2）在实训件上钻孔

①由教师做钻床的调整操作，以及钻头、工件的装夹及钻孔方法示范。

②练习钻床空车操作，并做转床转速、主轴头架或工作台升降等的调整练习。

③在实训件上进行划线钻孔，达到图样要求。

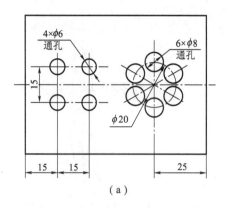 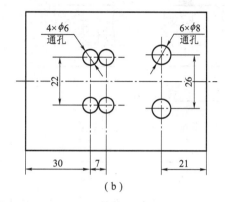

(a)   (b)

图 1.8.15 钻孔工件

(a) 件 1；(b) 件 2

4. 注意事项

①钻头的刃磨技能是学习中的重点，必须不断练习，做到刃磨的姿势动作及几何形状和角度正确。

②用钻夹头装夹钻头时，要用钻夹头钥匙，不要用扁铁和手锤敲击，以免损坏夹头。工件装夹时，必须做好装夹面的清洁工作。

③钻孔时，手动进给压力是根据钻头的工作情况，以目测和感觉进行控制，在实训时注意掌握。

④钻头用钝后，必须及时修磨锋利。

任务评价

填写评价表

工作任务评价表				
任务名称：		班级： 小组： 姓名：		指导教师： 日　　期：
评价项目	评价标准	评价方式	权重	小计
		1. 护目镜、衣扣、袖口系紧；2. 量具使用完后放回量具盒；3. 机床、工具箱台面清理；4. 高度尺使用完后收回办公室；5. 机床设备使用登记本填写；6. 教室、厂房清理		
职业素养	1. 遵守实训规章制度 2. 严格执行"6S"管理 3. 遵守安全生产规定 4. 组织协作能力		0.3	

续表

工作任务评价表						
任务名称：		班级： 小组： 姓名：			指导教师： 日　　期：	
评价项目	评价标准	评价方式				
^	^	1. 护目镜、衣扣、袖口系紧；2. 量具使用完后放回量具盒；3. 机床、工具箱台面清理；4. 高度尺使用完后收回办公室；5. 机床设备使用登记本填写；6. 教室、厂房清理			权重	小计
专业能力	1. 理解装配要求并制订正确的装配工艺 2. 正确、合理选用工、量具 3. 操作准确、规范 4. 分析判断准确 5. 任务完成质量好				0.5	
创新能力	1. 任务过程中主动分析、解决问题 2. 合理组织任务实施				0.2	
合计						

1.9 铰　　孔

🔄 任务描述

根据任务要求完成钳工所需熟练掌握的铰孔设备、工具与注意事项。

🔄 任务要求

①了解铰刀的种类和应用。
②掌握铰孔的方法。
③懂得铰削用量和润滑冷却液的选择。
④了解铰刀损坏的原因及防止方法。
⑤了解铰孔产生废品的原因及防止方法。

理论知识

1. 铰刀的种类

铰刀有手铰刀和机铰刀两种。手铰刀[图1.9.1（a）]用于手工铰孔，柄部为直柄；机铰刀[图1.9.1（b）]多为锥柄，装在钻床上进行铰孔。

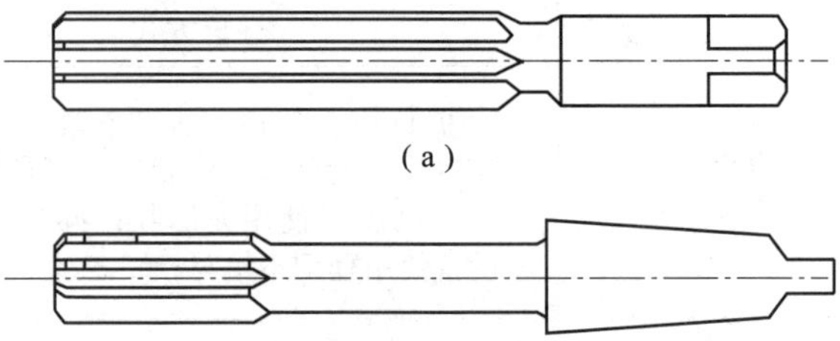

(a)

(b)

图1.9.1 铰刀

(a) 手铰刀；(b) 机铰刀

按铰刀用途不同，可分为圆柱形铰刀和圆锥形铰刀（图1.9.2）。圆柱形铰刀又有固定式和可调式。圆锥形铰刀是用来铰圆锥孔的。用于加工定位锥销孔的锥角刀，起锥度

图1.9.2 圆锥形铰刀

1∶50，使铰得的锥孔与圆锥销紧密配合。可调式角刀主要用在装配和修理时铰非标准尺寸的通孔。

铰刀的刀齿有直齿和螺旋齿两种。直齿铰刀是常见的，螺旋铰刀（图1.9.3）多用于铰有缺口或带槽的孔，其特点是在铰削时不会被槽边钩住，且切削平稳。

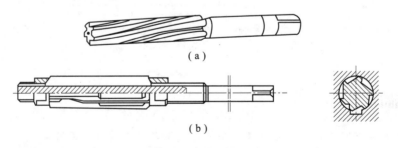

图1.9.3 螺旋铰刀

(a) 实物图；(b) 剖视图

2. 铰孔方法

（1）铰削用量选择

①铰削余量。铰孔余量是否合适，对铰出的表面粗糙度和精度影响很大。如余量太大，不但孔铰不光，而且铰刀容易磨损；铰孔余量太小，则不能去掉上道工序留下的刀痕，也达不到要求的表面粗糙度。在一般情况下，对IT9、IT8级孔可一次铰出，对IT8级孔，应分粗铰和精铰；对孔径大于20 mm的孔，可先钻孔再扩孔，然后进行铰孔。

②机铰铰削速度。机铰时，为了获得较小的加工表面粗糙度，必须避免产生刀瘤，

减少切削热及变形,因而应取较小的切削速度。用高速钢铰刀铰钢件时,$v = 4 \sim 8$ m/min;铰铸件时,$v = 6 \sim 8$ m/min;铰铜件时,$v = 8 \sim 12$ m/min。

③机铰进刀量 s,铰钢件及铸件为 $0.5 \sim$ mm/r,铰铜铝为 $1.0 \sim 1.2$ mm/r。

(2)铰削操作

①手铰时,两手用力要均匀、平稳,不得有侧向压力,避免孔口成喇叭形或将孔径扩大。铰刀推出时,不能反转,防止刃口磨钝及切屑嵌入刀具后面与孔壁间,将孔壁划伤。

②机铰时,应使工件一次装夹进行钻、铰工作,以保证铰刀中心线与钻孔中心线一致。铰完后,要在铰刀退出后再停车,以防孔壁拉出痕迹。

③铰尺寸较小的圆锥孔时,可先按小端直径并留取圆柱精铰余量钻出圆柱孔,然后用锥铰刀铰削即可。对尺寸和深度较大的孔,为减小铰削余量,铰孔前可先钻出阶梯孔(图1.9.4),然后再用铰刀铰削。铰削过程中,要经常用相配的锥销来检查铰孔尺寸(图1.9.5)。

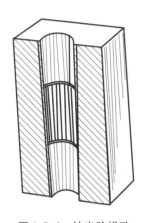

图 1.9.4 钻出阶梯孔

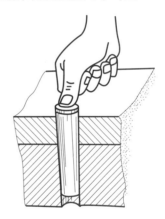

图 1.9.5 用锥销检查铰孔尺寸

(3)铰削时的冷却润滑

铰削时,必须选用适当的冷却润滑液来减少摩擦并降低刀具和工件的温度,防止产生刀瘤,同时减少切屑细末黏附在铰刀和孔壁上,从而减小加工表面的粗糙度与孔的扩大量。选用时可参考表1.9.1。

表 1.9.1 铰削冷却润滑油

材料	冷却润滑油
钢	①10%~20%乳化液; ②30%工业植物油,70%浓度为3%~5%的乳化液; ③工业植物油
铸铁	①不用煤油(会引起孔径缩小,最大缩小量达0.02~0.04 mm); ②3%~5%乳化液
铝	煤油、松节油
铜	5%~8%乳化液

温馨提示:

①铰孔前,一般先钻孔和扩孔,并留下一定余量,以便进行铰孔,但余量的大小直

接影响铰孔的质量和加工安全。余量小,往往不能铰削前道工序的加工痕迹;余量大,会使切屑挤塞在铰刀齿槽中,使切削液不能进入切削区,严重影响表面粗糙度的要求,并使铰刀刀刃负荷过大,增加磨损,甚至崩刃及折断铰刀。

②铰孔时,影响铰孔扩张量的安全因素很多,如车床精度、工件材料、铰刀刀刃的径向圆跳动、切削用量、切削液及安全操作方法等。因此,在确定选择铰刀直径时,可通过试铰,按实际情况选择铰刀直径,以免造成废品。

③铰削直径在 10 mm 以下的小孔,由于孔小,镗孔非常困难。为了保证铰孔的质量,一般先用中心钻定位,然后钻孔,再扩孔,最后铰孔,保证加工安全顺利地进行。

④铰孔时,切削液不能间断,安全浇注到切削区域。

任务评价

填写评价表

工作任务评价表					
任务名称:				班级: 小组: 姓名:	指导教师: 日　　期:
评价项目	评价标准	评价方式			权重	小计
		1. 护目镜、衣扣、袖口系紧;2. 量具使用完后放回量具盒;3. 机床、工具箱台面清理;4. 高度尺使用完后收回办公室;5. 机床设备使用登记本填写;6. 教室、厂房清理				
职业素养	1. 遵守实训规章制度 2. 严格执行"6S"管理 3. 遵守安全生产规定 4. 组织协作能力				0.3	
专业能力	1. 理解装配要求并制订正确的装配工艺 2. 正确、合理选用工、量具 3. 操作准确、规范 4. 分析判断准确 5. 任务完成质量好				0.5	
创新能力	1. 任务过程中主动分析、解决问题 2. 合理组织任务实施				0.2	
合计					

1.10 攻丝与套丝

🔄 任务描述

根据任务要求完成钳工课程所需熟练掌握的攻丝和套丝设备、工具与注意事项。

🔄 任务要求

①掌握攻丝底孔直径和套丝圆杆直径的确定方法。
②掌握攻丝和套丝方法。
③懂得丝锥折断和攻丝、套丝的废品产生原因及防止方法。
④提高钻头的刃磨技能,掌握横刃的修磨方法。

🔄 理论知识

用丝锥在孔中切削出内螺纹,称为攻丝;用板牙在圆杆上切削出外螺纹,称为套丝。

1. 攻丝

(1) 丝锥与绞手

丝锥是加工内螺纹的工具。按加工螺纹的种类不同,有普通三角螺纹丝锥、圆柱管螺纹丝锥和圆锥管螺纹丝锥。按加工方法,有机用丝锥和手用丝锥。

(2) 绞手是用来夹持丝锥的工具

有普通绞手和丁字绞手(图1.10.1)两类。丁字绞手主要用在攻工件凸台旁的螺孔或机体内部的螺孔。各类绞手又有固定式和活络式两种。固定式绞手常用在攻 M5 以下的螺孔,活络式绞手可以调节方孔尺寸。

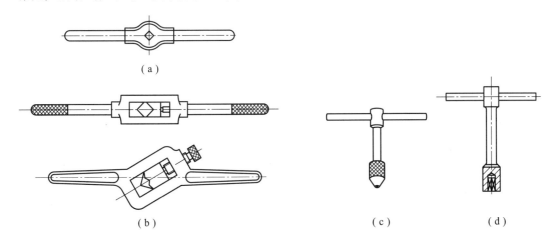

图 1.10.1 普通绞手和丁字绞手

(a) 固定式普通绞手;(b) 活络式普通绞手;(c) 固定式丁字绞手;(d) 活络式丁字绞手

绞手长度应根据丝锥尺寸大小选择,以便控制一定的攻丝扭矩。可参考表 1.10.1 选用。

表 1.10.1 攻丝绞手的长度选择　　　　　　　　　　　　　　mm

丝锥直径	<6	8~10	12~14	≥16
绞手长度	150~200	200~250	250~300	400~450

(3) 攻丝底孔直径的确定

用丝锥攻螺纹时,每个切削刃一边切削金属一边挤压金属,因而会产生金属凸起并向牙尖流动的现象。此现象对于刃性材料尤为明显。若攻丝前钻孔直径与螺孔小径相同,被丝锥挤出的金属会卡住丝锥甚至将其折断,因此,底孔直径应比螺纹小径略大,这样挤出的金属流向牙尖,正好形成完整的螺纹,又不易卡住丝锥。但是,若底孔钻得太大,会使螺纹的牙型高度不够,降低强度。所以,底孔直径的大小要根据工件的材料性质、螺纹直径的大小来确定。其方法可用下列经验公式得出。

公制螺纹底孔的经验计算式:

脆性材料　　　　　　　　　$D_底 = D - 1.05P$

韧性材料　　　　　　　　　$D_底 = D - P$

式中,$D_底$ 为底孔直径,mm;D 为螺纹大径,mm;P 为螺距,mm。

(4) 不通孔螺纹的深度

钻通孔的螺纹底孔时,由于丝锥的切削部分不能攻出完整的螺纹,所以钻孔深度至少要等于需要的螺纹深度加上丝锥切削部分的长度。这段长度大约等于螺纹大径的 70%,即

$$L = l + 0.7D$$

式中,L 为钻孔深度,mm;l 为需要的螺纹深度,mm;D 为螺纹大径,mm。

(5) 攻丝方法

①划线,打底孔。

②在螺纹底孔的孔口倒角,通孔螺纹两端都倒角,倒角处直径可略大于螺孔大径,这样可使丝锥在开始切削时容易切入,并可防止孔口出现凸边。

③用头锥起攻。起攻时,可一手用手掌按住绞手中部,沿丝锥中心线用力加压,另一手配合顺向旋进 [图 1.10.2 (a)];或两手握住绞手两端均匀施加压力,并将丝锥顺向旋进并保证丝锥中心线与孔中心线重合,不可歪斜 [图 1.10.2 (b)]。在丝锥攻入 1~2 圈后,从前后、左右两个方向用角尺进行检查(图 1.10.3),并不断借正至要求。

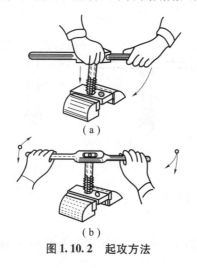

图 1.10.2　起攻方法

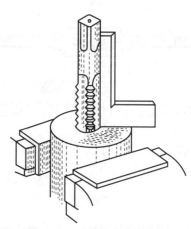

图 1.10.3　检查攻丝垂直度

④正常攻丝时，两手用力要均匀，要经常倒转 1/4～1/2 圈，使切屑碎断，这样容易排除，避免因切屑阻塞而使丝锥卡住。

⑤攻丝时，必须以头锥、二锥、三锥顺序攻削至标准尺寸。对于在较硬的材料上攻丝，可轮换各丝锥交替攻下，以减小切削部分负荷，防止丝锥折断。

⑥攻不通孔时，可在丝锥上做好深度标记，并要经常退出丝锥，清除留在孔内的切屑。否则，会因切屑堵塞而易使丝锥折断或攻丝达不到深度要求。当工件不便倒向进行清屑时，可用弯曲的小管子吹出切屑，或用磁性针棒吸出。

⑦攻韧性材料的螺孔时，要加润滑冷却液，以减小切削阻力、减小加工螺孔的表面粗糙度和延长丝锥寿命。攻钢件时用机油，螺纹质量要求高时，可用工业植物油；攻铸铁件时可加煤油。

2. 套丝

（1）圆板牙与绞手（板牙架）

板牙是加工外螺纹的工具。常用的圆板牙如图 1.10.4 所示。其外圆上有四个锥坑和一条 V 形槽，图中下面有两个锥坑，其轴线与板牙直径方向一致，借助绞手（图 1.10.5）上的两个相应位置的紧固螺钉顶紧后，用以套丝时传递扭矩。当套出的螺纹尺寸变化已大致超出公差范围时，可用锯片砂轮沿板牙 V 形槽将板牙磨割出一条通槽，用绞手上的另两个紧固螺钉拧紧顶入板牙上面两个偏心的锥坑内，使板牙的螺纹中径变小。调整时，应使用标准样件进行尺寸校对。

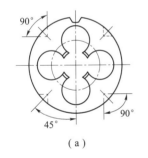
(a)

(b)

图 1.10.4　圆板牙

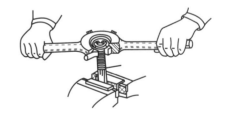

图 1.10.5　圆板牙绞手

套丝时的圆杆直径及端部倒角与攻丝时的一样，套丝切削过程中也有挤压作用，因此，圆杆直径小于螺纹大径时，可用下列经验公式计算确定：

$$d_{杆} = d - 0.13P$$

式中，$d_{杆}$ 为圆杆直径，mm；d 为螺纹大径，mm；P 为螺距，mm。

为了使板牙起套时容易加入工件并做正确的引导，圆杆端部要倒角倒成锥半角为 15°～20°的锥角。其倒角的最小直径略小于螺纹小径，使切出的螺纹端部避免出现缝口和卷边。

（2）套丝方法

①套丝时的切削力矩较大，且工件都为圆杆，一般要用 V 形夹块或厚铜衬作衬垫，才能保证可靠夹紧。

②起套时，一只手用手掌按住绞手中部，沿圆杆的轴向施加压力；另一只手配合做

顺向切进，转动要慢，压力要大，并保证板牙端面与圆杆轴线的垂直度，使其不歪斜。当按压切入圆柱 2~3 牙时，应再检查其垂直度并及时纠正。

③正常套丝时，不要加压，让板牙自然引进，以免损坏螺纹和板牙，也要经常倒转以断屑。

④在钢件上套丝时，要加润滑冷却液，以减小加工螺纹的表面粗糙度和延长板牙使用寿命。一般可用机油或较浓的乳化液，要求高时，可用工业植物油。

3. 实训步骤

（1）攻丝

①按实训图尺寸要求划出各螺孔的加工位置线，钻各螺孔底孔，并对孔口进行倒角。

②依次攻丝 M8、M10、2×M12、4×M6 螺孔。用相应的螺钉进行配检。

（2）套丝

①按图 1.10.6 所示尺寸落料。

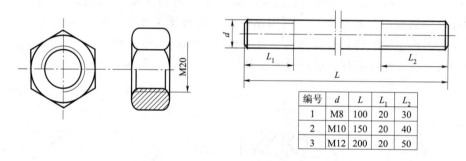

图 1.10.6 套丝

②按前述套丝方法完成 M8、M10 两件双头螺栓的套丝。用相应的螺母进行配检。

温馨提示：

①起攻、起套时，要从两个方面进行垂直度的及时借正，这是保证攻丝、套丝质量的重要一环。特别是在套丝时，由于板牙切削部分的锥角较大，起套时的导向性较差，容易产生板牙端面与圆杆轴心线的不垂直，造成切出的螺纹牙型一面深一面浅，并随着螺纹长度的增加，其歪斜现象将按比例明显增加，甚至不能继续切削。

②起攻、起套的正确性及攻丝时能用两手均匀握住和掌握好最大用力限度，是攻丝、套丝的基本功之一，必须用心掌握。

③攻丝时注意底孔直径不能太小，否则起攻困难，左右摆动，孔口容易烂牙。

④攻丝时要经常反转断屑。

⑤攻入时螺纹攻歪斜，不可以强行借正。

任务评价

填写评价表

工作任务评价表				
任务名称：		班级： 小组： 姓名：	指导教师： 日　　期：	
评价项目	评价标准	评价方式	权重	小计
^	^	1. 护目镜、衣扣、袖口系紧；2. 量具使用完后放回量具盒；3. 机床、工具箱台面清理；4. 高度尺使用完后收回办公室；5. 机床设备使用登记本填写；6. 教室、厂房清理	^	^
职业素养	1. 遵守实训规章制度 2. 严格执行"6S"管理 3. 遵守安全生产规定 4. 组织协作能力		0.3	
专业能力	1. 理解装配要求并制订正确的装配工艺 2. 正确、合理选用工、量具 3. 操作准确、规范 4. 分析判断准确 5. 任务完成质量好		0.5	
创新能力	1. 任务过程中主动分析、解决问题 2. 合理组织任务实施		0.2	
合计				

1.11 錾口榔头制作

任务描述

根据任务要求掌握榔头制作所需的设备、工具与注意事项。

任务要求

①掌握锉腰孔及连接内外圆弧面的方法，达到连接圆滑、位置及尺寸正确。

②熟练推锉技能，达到纹理齐正、表面光洁。

③通过复合作业，要求掌握已学课题的基本技能并达到能进行一般的手工具生产。同时，对工件各型面的加工步骤、使用工具及有关基准、测量方法的确定，有一定的了解。

理论知识

实训图样如图1.11.1所示。

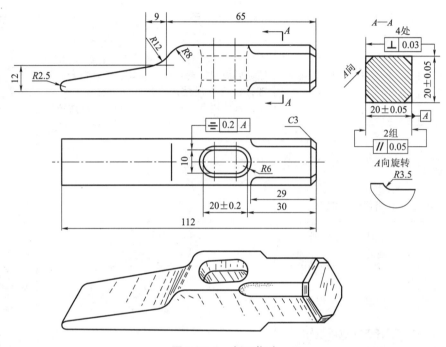

图1.11.1 錾口榔头

1. 实训步骤

①检查来料尺寸。

②按图样要求锉出20 mm×20 mm长方体。

③以长面为基准锉一端面，达到基本垂直，表面粗糙度$Ra \leqslant 3.2$ μm。

④以一长面及端面为基准，用錾口榔头样板划出形体加工线，并按图样尺寸划出4×C3.5倒角加工线。

⑤锉4×C3.5倒角达到要求。方法：先用圆锉粗锉出R3.5圆弧，然后分别用粗、细样板锉。粗、细锉倒角，再用圆锉细加工R3.5圆弧，最后用推锉法修整，并用砂布打光。

⑥按图划出腰孔加工线及钻孔检查线，并用φ9.8 mm钻头钻孔。

⑦用圆锥锉通两孔，然后用掏锉按图样要求锉好腰孔。

⑧先按划线在R12处钻φ5孔，后用手锯按加工线锯出多余部分。

⑨用半圆锉按线粗锉R12内圆弧面，用样板锉粗锉斜面与R8圆弧面至划线线条。后用细板锉细锉斜面，用半圆锉细锉R12内圆弧面，再用细板锉细锉R8外圆弧面。最后用

细板锉及半圆锉修整，达到每个型面连接圆滑、光洁、纹理齐正。

⑩锉 R2.5 圆头，并保证工件总长等于 112 mm。

⑪八角端部棱边倒角 C3。

⑫用砂布将各加工面全部打光。交件待验。

⑬待工件检验后，再将腰孔各面倒出 1 mm 弧形喇叭口，20 mm 端面锉成略呈凸弧形面，然后将工件两端热处理淬硬。

2. 注意事项

①用 ϕ9.8 mm 钻头钻孔时，要求钻孔位置正确，钻孔孔径没有明显扩大，以免造成加工余量不足，影响腰孔的正确加工。

②锉削腰孔时，应先锉两侧平面，后锉两端面圆弧。在锉平面时，要注意控制好锉刀的横向移动，防止锉坏两端孔面。

③加工四角 R3.5 圆弧时，横向锉要锉准、锉光，这样就容易推光，且圆弧夹角处也不易蹋角。

④在加工 R12 与 R8 内外圆弧面时，横向必须平直，并与侧面垂直，才能使弧形面连接正确、外形美观。

任务评价

填写评价表

工作任务评价表				
任务名称：		班级： 小组： 姓名：	指导教师： 日　　期：	
评价项目	评价标准	评价方式	权重	小计
		1. 护目镜、衣扣、袖口系紧；2. 量具使用完后放回量具盒；3. 机床、工具箱台面清理；4. 高度尺使用完后收回办公室；5. 机床设备使用登记本填写；6. 教室、厂房清理		
职业素养	1. 遵守实训规章制度 2. 严格执行"6S"管理 3. 遵守安全生产规定 4. 组织协作能力		0.3	
专业能力	1. 理解装配要求并制订正确的装配工艺 2. 正确、合理选用工、量具 3. 操作准确、规范 4. 分析判断准确 5. 任务完成质量好		0.5	

续表

工作任务评价表					
任务名称：		班级： 小组： 姓名：		指导教师： 日　　期：	
评价项目	评价标准	评价方式		权重	小计
		1. 护目镜、衣扣、袖口系紧；2. 量具使用完后放回量具盒；3. 机床、工具箱台面清理；4. 高度尺使用完后收回办公室；5. 机床设备使用登记本填写；6. 教室、厂房清理			
创新能力	1. 任务过程中主动分析、解决问题 2. 合理组织任务实施			0.2	
合计					

1.12　锉配训练

任务描述

根据任务要求掌握锉配训练所需的设备、工具与注意事项。

任务要求

①巩固提高划线、锯削、锉削、钻孔、铰孔、测量等钳工基本操作技能。
②能熟练制订锉配件的钳工加工工艺，掌握各种典型零件的锉配方法。
③掌握锉配的各种钳工加工技巧。
④掌握钳工常用的测量技术。

理论知识

用锉削加工方法，使两个或两个以上的零件配合在一起，达到规定的配合要求，这种加工过程称为锉配，通常也称为镶配。

锉配工作有面的配合（如各种样板）和形体的配合（如四方体、六角形体等）。

锉配工作一般先将相配的两个零件中的一个锉得符合图样要求，再根据已锉好的加工件来锉配另一件。由于外表面比内表面容易锉削，所以一般先锉好凸件的外表面，然后锉配凹件的内表面。在锉配凹件时，需用量具测出凸件的实际尺寸，再用量具控制凹件的尺寸精度，使其符合配合要求。

1. 锉配锉削技巧

锉配的锉削方法及技巧因件而异，通常先精密后粗糙，先凸件后凹件，先难后易。读图要仔细，认真分析思考，编制好正确的加工工艺。

①外直角面或平行面的锉削，通常是先锉好一个面，然后以这个面为基准，再锉垂直的相邻面或平行的相对面。

②内直角面、清角的锉削。锉削内直角面、清角时，应修磨锉刀边，使锉刀边与锉刀面呈小于90°的角，如图1.12.1所示。同外直角面锉削一样，通常是先锉好一个面，以这个面为基准，锉削另一相邻的垂直面。清角处应用修磨后的小锉刀或什锦锉小心锉削。

③锐角锉削。锉削锐角时，应修磨平板锉锉刀边或三角锉的一个锉刀面，与锉刀面构成小于所锉锐角的夹角，如图1.12.2所示。锉削时，通常先锉好一个面，再锉削另一相邻面。

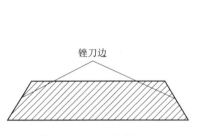

图1.12.1 修磨锉刀边

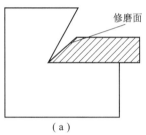

图1.12.2 锉削锐角
（a）修磨平板锉；（b）修磨三角锉

④对称件锉削。对称件的锉削如图1.12.3所示。一般先加工好一边，再加工另一边，即可先锯、锉1和2面，保证尺寸L，再锯、锉3和4面，保证尺寸A与外形的对称要求。

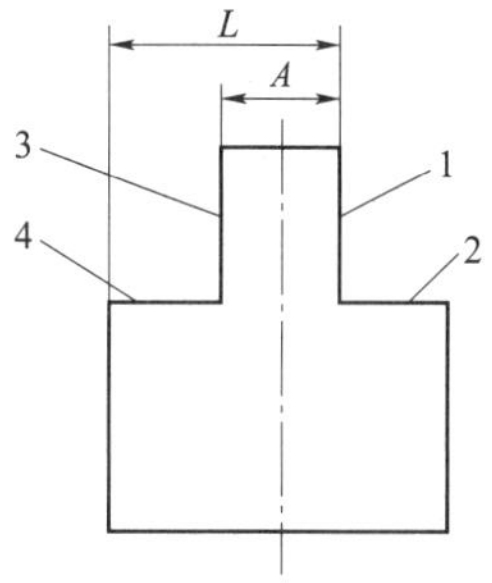

⑤圆弧面锉削。锉削圆弧面时，可用横锉（对着圆弧锉）、滚锉（顺着圆弧锉）、推锉等方法。锉削时，要经常检查圆弧面的曲面轮廓度、直线度及与平面的垂直度，发现问题时，要及时纠正，才能达到配合要求。

2. 锉配件的测量

（1）对称度测量

图1.12.3 对称件锉削

如图1.12.4所示，分别把3、4面放在平板上，用百分表测量1、2面到平板的尺寸L，两次测得的L差值，即为实测的对称度误差值。

（2）平行度测量

测量平行度时，可把工件放在平板上，用百分表进行测量。也可用游标卡尺或千分尺测量工件两平行面间的尺寸，最大尺寸与最小尺寸之差即为平行度误差值。测量时，应测量工件的四角和中间5个位置如图1.12.5所示。

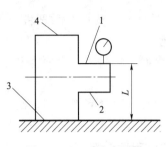
图 1.12.4 对称度测量

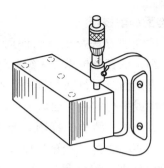
图 1.12.5 平行度测量

(3) 圆弧面测量

测量圆弧面圆度时,可用圆弧样板检查。

(4) 角度测量

测量角度时,可用直角尺、万能角尺进行测量,也可用角度样板检查,如图 1.12.6 所示。

图 1.12.6 角度测量
(a) 120°内、外角样板;(b) 内直角样板;(c) 样板测量角度

(5) 燕尾测量

测量燕尾角度时,常使用角度样板或万能角尺。测量燕尾尺寸时,一般都采用间接测量法。如图 1.12.7 所示,其测量尺寸 M 与尺寸 B、圆柱直径 d 之间有如下关系:

$$M = B + \frac{d}{2}\cot\frac{\alpha}{2} + \frac{d}{2}$$

式中,M 为测量读数值,mm;B 为斜面与底面的交点至侧面的距离,mm;d 为圆柱量棒的直径尺寸,mm;α 为斜面的角度值,(°)。

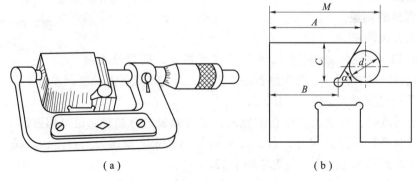
图 1.12.7 燕尾测量
(a) 测量方法;(b) 换算关系

当要求尺寸为 A 时，则可按下式进行换算，即
$$A = B + C\cot\alpha$$
式中，A 为斜面与上平面的交点（边角）至侧面的距离，mm；C 为深度尺寸，mm。

（6）间隙测量

测量间隙时，可用一片或数片塞尺重叠在一起塞入间隙内，检验两个接触面之间的间隙大小。也可用游标卡尺或千分尺等量具测量出内孔的尺寸和外形的尺寸，两者的差值即为间隙。

（7）V 形测量

测量 V 形件时，可采用如图 1.12.8 所示的间接测量方法。

当要求尺寸为 H 时：
$$M = H + \frac{D}{2}\bigg/\sin\frac{\alpha}{2} + \frac{d}{2}$$

当要求尺寸为 L 时：
$$M = N - \frac{L}{2}\cot\frac{\alpha}{2}\left(1 + 1\bigg/\sin\frac{\alpha}{2}\right)$$

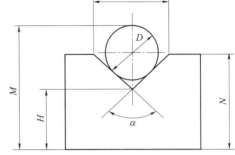

图 1.12.8　图形测量

3. 锉配注意事项

①要根据工件图样要求正确选择划线基准，若以两直角侧面为基准，此两面务必攻成直角，并与基准大面成直角，且平面度要好，这样才能保证划线质量。

②在划线时，考虑到工件划线基准面较窄，划线时工件易走动，应采用垂直度和平面度较好的靠铁，工件靠在靠铁上进行划线。

③为提高锉削质量，不影响相邻面及修整清角，应使用光边锉刀。新锉刀的一侧面可在砂轮上磨去侧齿，改成光边，根据需要磨成不同的角度。

④一般锉配时，用透光法来检查锉配件的配合情况，测量间隙时可用塞尺。为提高配合质量，也可在锉配件表面涂上红丹粉等，将凸凹件相对推动，把凹件接触的亮斑锉去，达到较高的配合精度。

⑤锯削薄板料时，应用细齿锯条，因单位长度内同时参与切削的齿数多，故比较平稳，被加工表面质量好，平面度也好。

⑥锯条背部有时可磨去 1/3 或更多，以便对孔中进行切削，提高工作效率。有时也可将锯条齿部磨成尖角，加工工件清角。

⑦锉配件上一般会有尺寸精度较高的孔的加工，一般通过钻孔后的铰孔来完成。手铰时，要使铰刀转动平稳，铰削时，应使用润滑液；机铰时，采用低速铰削，铰削时，铰刀不准倒转，防止铁屑挤在铰刀槽中造成崩刃。

⑧锉配件上有时会有内螺纹孔的加工，攻螺纹时，起攻是关键。起攻时，手要多加一点向下的压力，这样起攻质量好。起攻后，一定要观察丝攻与基准面的垂直度，垂直后再进行攻螺纹。攻螺纹时，尽量使用润滑液，需经常反转丝攻，便于断屑，攻螺纹省力且螺纹质量高。

4. T 型件的锉配

T 形件锉配时，必须保证凸件对称度要求，各内角应做成倾角，否则，会影响两件相对的配合精度。

(1) 工件分析

图 1.12.9 所示为封闭式对称 T 形件锉配。

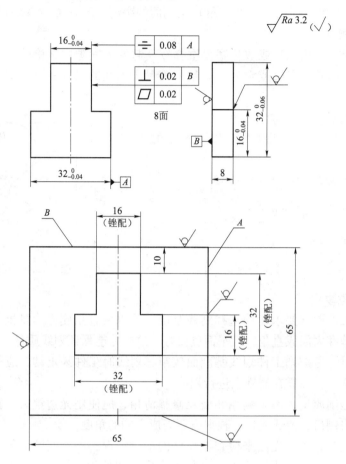

图 1.12.9 封闭式对称 T 形件

凸件（外 T 形体）材料为 45 钢，坯料尺寸为 33 mm×33 mm×8 mm，各锉削平面的平面度要求为 0.02 mm、16mm 与 32mm，两尺寸有对称要求，锉削平面与基准大平面的垂直度要求为 0.02 mm，各角要锉成清角。因此，锉配时必须使用光边锉刀，且锉刀工作面与磨光的侧面之间夹角小于 90°，侧边直线性要好。

凹件材料为 45 钢，坯料尺寸为 65 mm×65 mm×8 mm。凹件与凸件配合间隙小于 0.08 mm（8 面）、喇叭口小于 0.14 mm（8 面），各角清晰，能正反互换配合。

(2) 操作步骤

①外 T 形体加工。

a. 划线、锉成正方形，达到尺寸、平面度、垂直度、平行度、表面粗糙度等要求。

b. 以相邻两垂直面为划线基准，划出 T 形件各平面加工线。

c. 按划线锯去 T 形件的右侧垂直角，粗、精锉两垂直面，根据 32 mm 处的实际尺寸，通过控制 24 mm（32 mm 尺寸的一半加上 16 mm 尺寸的一半）的尺寸误差，保证 $16_{-0.04}^{0}$ 的尺寸要求和对称度要求，并直接锉出底面的尺寸 $16_{-0.04}^{0}$。

d. 锯去 T 形体左侧的垂直角,粗、精锉两垂直面,达到图样要求。

e. 将各棱边倒钝并复检尺寸等。

②锉配内 T 形体。

a. 检测 A、B 两面,保证 A、B 有较高的垂直度,以 A、B 两面为划线基准,划出 T 形全部线。

b. 钻排孔去除 T 形孔内余料。粗锉各面,各边留 0.1~0.2 mm 精锉余量。

c. 精锉 32 mm×16 mm 的长方孔四面,保证与相关面的平行度和垂直度,并用外 T 形体大端处试塞,使两端能较紧塞入,且形体位置准确。

d. 精锉 16 mm×16 mm 的左面、右面及上面,保证与相关面垂直和平行,并用外 T 形体的相关尺寸检查,能较紧地塞入。

e. 用透光和涂色法检查,逐步进行整体修锉,使外 T 形体推进推出松紧适当,然后做翻转试配,仍用涂色法检查修锉,达到互换配合要求。

f. 复查后各锐边倒钝。

(3) 注意事项

a. 加工凸件时,只能先做一侧,一侧符合要求后再做另一侧。检测对称度时,也可用如图 1.12.4 所示的方法。

b. 为防止产生较大的喇叭口,加工中尽量保证各面的平面度及垂直度。

c. 为保证正反互换配合,一定要使凸件的各项加工误差控制在最小允许误差范围内。

d. 为防止加工中锉伤邻面,应使用光边锉刀,注意各角应清角。

5. 锉配六角形体

六角形体锉配时,关键是加工好外六角体,保证外六角体尺寸、平面度、平行度和角度等要求,加工误差尽可能小。

(1) 工件分析

图 1.12.10 所示为六角形体锉配,工件材料为 Q235,要求在厚 8 mm 圆料上加工六角凸件,在方形板料上加工六角凹件。因凸件是锉配基准,且要转位互换,因此,加工中应特别注意凸件的尺寸精度,同时保证各面平面度、平行度、垂直度及 6 个角的角度值,以保证锉配凹件时符合技术要求。凹件坯料尺寸为 60 mm×60 mm×8 mm,中间锉配内六角形体。锉配凹件时,应保证凹件 6 个面的平面度及垂直度,防止喇叭口的产生;件内六角棱线必须用修磨过的光边锉刀按划线仔细锉直;配合间隙要不大于 0.06 mm。锉配凹件时,有两种加工顺序:第一种先锉配一组对面,然后依次锉配另外两组面,再做整体修锉配入;

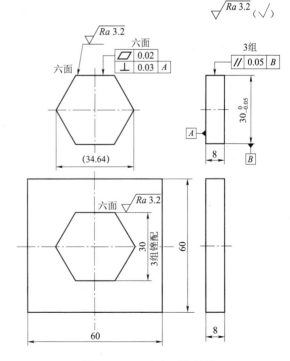

图 1.12.10 六角形体锉配

第二种是依次先锉 3 个相邻面，用图 1.12.6 所示样板检查，并用加工好的外六角凸件试配凹件 3 面的 120°角度及等边边长，然后再依次锉配 3 个面的对面，使凸件能较紧塞入，再做整体修锉配入。

（2）操作步骤

1）划线

①将 ϕ40 圆形坯件安放在 V 形体上，用高度游标尺划出中心线，记下高度游标尺的尺寸读数，按图样六角形对边距离，调整高度游标尺，划出与中心线平行的六角形两对边线。将 ϕ40 圆形坯件转动 90°，用角尺找正垂直，划出六角形各点的坐标尺寸线，然后用划针、钢直尺依次连接各交点，如图 1.12.11 所示。

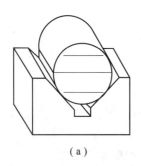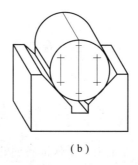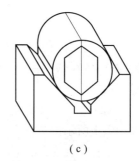

（a）　　　　　　　　（b）　　　　　　　　（c）

图 1.12.11　六角体划线

②在直角板料坯件上划六角形，如图 1.12.12 所示。用高度游标卡尺划出中心线，调整高度游标尺，划出与中心线平行的六角形两对边线。将直角形坯件转动 90°，划出六角形各点的坐标尺寸线，然后用划针、钢直尺依次序连接各交点。

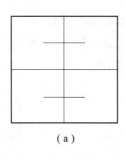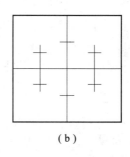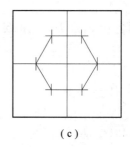

（a）　　　　　　　　（b）　　　　　　　　（c）

图 1.12.12　凹件划线法

2）根据图样要求加工外六角体

①用游标卡尺测出圆形坯料的实际直径 d，锯、粗锉、精锉 A 面达到平面度 0.02 mm，表面粗糙度值小于等于 32 μm 的要求，同时保证圆柱母线至锉削面的尺寸为 $(d/2+15)\pm0.03$，如图 1.12.13（a）所示。

②锯、粗锉、精锉 A 面的相对面，达到图样各有关要求，如图 1.12.13（b）所示。

③用同样的方法粗精加工 C 面达到图样要求。保证圆柱母线至锉削面的尺寸为 $(d/2+15)\pm0.03$，用万能角度尺测量 120°角，保证角度要求，如图 1.12.13（c）所示。

④粗精加工 D 面达到图样要求，保证圆柱母线至锉削面的尺寸为 $(d/2+15)\pm0.03$，保证 120°角度要求，如图 1.12.13（d）所示。

⑤粗精加工 E 面，达到图样有关要求，如图 1.12.13（e）所示。
⑥粗精加工 F 面，达到图样有关要求，如图 1.12.13（f）所示。
⑦按图样要求做全面复检，并做必要的修整锉削，把各个尺寸、角度误差控制在最小范围内，最后将各锐边均匀倒钝。

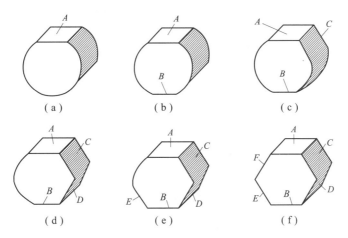

图 1.12.13　加工步骤

(a) 锯、粗精锉 A 面；(b) 锯、粗精锉 B 面；(c) 粗精加工 C 面；
(d) 粗精加工 D 面；(e) 粗精加工 E 面；(f) 粗精加工 F 面

3）锉配内六角

①在内六角形中钻排孔，去除中间废料，粗锉六角形各面接近划线线条，各边留 0.1~0.2 mm 精锉余量。精锉内六角相邻的 3 个面。先锉第一面，要求平直，与基准大平面垂直；精锉第二面，达到平直、与基准大平面垂直的要求，并用 120°角度样板检查角度正确，保证清角；精锉第三面，也达到上述相同的要求并保证边长。

②精锉 3 个邻面的各自对应面，用同样方法检查 3 面，保证平面度、垂直度、角度要求，并将外六角体的 3 组面与内六角的对应面分别试配，达到能够较紧地塞入。

③用外六角体整体试配。利用透光法和涂色法来检查和精修各面，使外六角体配入后达到透光均匀、推进推出滑动自如且配合间隙尽可能小。最后做转位试配，用涂色法修锉，达到互换配合要求。各棱边应均匀倒棱，并用塞尺检查配合精度。

（3）注意事项

①划线要正确，线条要细而清晰，外六角体划线时，最好正反面同时划出六角形的加线，以便锉配。

②外六角体是锉配时的基准件，为了达到转位互换的配合精度要求，应使外六角体的加工精度尽可能控制在较高范围内。

③内六角各角尽量做到清角，清角时采用光边锉刀，锉刀推出时应慢而稳，紧靠邻边直锉，防止锉坏邻面或将该角锉坏。

④锉配时，先做好记号面，并认其为参考面，为取得转位互换配合精度，尽可能不修锉外六角体。

如外六角体必须修锉时，应进行准确的测量，找出需修锉处，并应综合考虑修锉后的相互影响。

6. 燕尾体锉配

燕尾体锉配时，一般都采用间接测量来达到有关尺寸要求，因此，必须测量正确和换算正确，才能确保配合质量。

（1）工件分析

图 1.12.14 所示为单燕尾锉配，材料为 Q235，坯料尺寸为 51 mm × 26 mm × 8 mm，件 2 与件 1 坯料外形一致。先加工件 2，保证尺寸、平面度、角度等要求。工件 1 与工件 2 配锉，保证配合等要求。

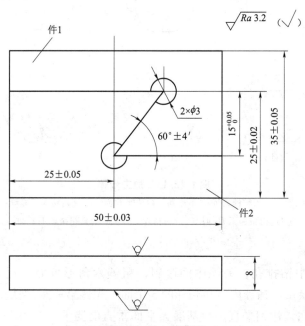

图 1.12.14　单燕尾

（2）操作步骤

①粗、精锉件 2、件 1 外形至要求。

②件 2、件 1 分别按图划线。

③分别在件 1、件 2 上钻 $\phi3$ mm 工艺孔。

④件 2 加工。离燕尾角度线 2 mm 锯去余料，粗加工燕尾的两面，各边留 0.1～0.2 mm 精锉余量。精加工燕尾的两面，保证尺寸、平面度及平行度要求。加工斜面时，用万能角度尺或角度样板测量角度 60°±4′，并保证斜面的平面度和件 2 大平面间的垂直度。利用 $\phi10$ mm 测量芯棒，参照图的测量方法，保证尺寸（25±0.05）mm。

⑤件 1 加工。离燕尾角度线 2 mm 锯去余料，粗加工燕尾的两面，各边留 0.1～0.2 mm 精锉余量。根据件 2 的实际尺寸，分别锉配件 1 底面、角度面，保证平面度、垂直度、平行度、尺寸及配合间隙 0.06 mm，保证配合后两侧的错位不大于 0.06 mm。达到要求后，各锐边倒钝。

（3）注意事项

①因采用间接测量，所以必须正确换算和测量，才能达到所要求的尺寸和精度。

②加工面都比较狭窄，应锉平各面，保证与大平面的垂直度，防止喇叭口的产生。

③为达到配合精度要求，必须保证工件 2 的加工质量。

7. 曲面体锉配

曲面体锉配时，必须把凸件加工准确，不仅圆弧面要锉准确，还要做到圆弧与平面连接圆滑光洁、各面尺寸的误差控制在最小范围内。曲面体的线轮廓度可用曲面样板通过光隙法来检查。

图 1.12.15 所示为曲面体锉配，材料为 Q235，凸件坯料为 31 mm×31 mm×8 mm，凹件坯料为 60 mm×60 mm×8 mm。凸件一头为 $R15$ 圆头，另一头为 $R6$ 的内圆弧面，技术要求中要转位互换，故加工凸件时，要保证尺寸精度和两圆弧面的圆心在零件的对称中心线上，圆弧面与平面交接处要自然圆滑。锉配凹件时，要保证图样的技术要求。

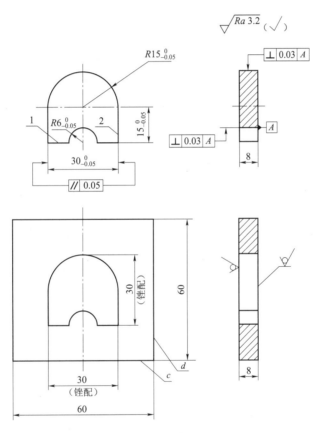

图 1.12.15　曲面体锉配

操作步骤如下。

（1）加工凸曲面体

① 根据图纸要求，粗精锉长方体，达到尺寸、平面度、平行度、垂直度、表面粗糙度要求。

② 以面 1 和面 2 两面为基准面，按图纸尺寸，划出曲面体加工线。

③ 锯去 $R15$ 圆头处左、右两角及 $R6$ 内的废料，粗精锉 $R15$ 和 $R6$ 两圆弧面，达到图纸要求，与两侧面连接自然、光滑，与基准大平面垂直，两圆弧的中心在零件的同一中心线上。

(2) 锉配凹曲面体

①以 c、d 两垂直面为基准，根据图纸要求划出曲面体加工线。

②钻排孔，去除废料。粗锉去除大部余量，使每边留 0.2 mm 细精锉余量。

③以 c、d 两面和大平面为基准，精锉 30 mm × 15 mm 长方孔两侧面及底面，达到平面度、平行度、垂直度和表面粗糙度等要求，并用凸曲面体进行试塞，以达到能较紧地塞入。

④精锉 R6 圆弧和 R15 圆弧，用样板测量，保证图样要求。

⑤整体试配，用透光法和涂色法检查凸凹曲面体各面之间的配合情况，精锉 R15 圆弧、R6 圆弧及其他各面，使凸曲面体能无阻滞地推进推出，达到图纸锉配要求。

⑥复查后各锐边倒钝。

(3) 注意事项

①在锉削两圆弧面时，注意保证其对称性及与基准大平面间的垂直度要求。经常检查横向的直线度误差，并用半径样板（圆弧样板）细心检查两圆弧面的轮廓线。

②在加工凸件 R15 圆弧时，为了使圆弧达到尺寸要求和与平面之间的过渡自然、圆滑，可采用滚锉法，这样才能使圆弧锉圆。

③锉配凹件过程中，锉刀在锉削圆弧面时，采用带斜向运动的横锉法，注意，不要碰伤左右侧面；在锉削两侧面时，不要碰坏圆弧面，以免使局部间隙增大，影响整体锉配质量。

④常清除切屑，以防切屑拉伤加工表面，留下较深的沟痕，影响表面粗糙度。

8. 组合体锉配

组合体锉配比较复杂，锉配时，不仅要保证各配合件的精度要求，而且要保证它们之间的配合精度及装配精度要求。因此，锉配前必须认真分析各件的情况，确定正确的锉配加工方案。

(1) 工件分析

图 1.12.16 所示为六方转位组合锉配，材料为 Q235，凸件坯料为 36 mm × 8 mm，凹

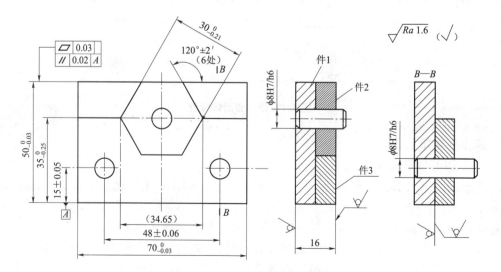

图 1.12.16　六方转位组合锉配

件坯料为 71 mm×51 mm×8 mm 和 71 mm×36 mm×8 mm，圆柱销为 ϕ8h6，长 20 mm。锉配时，先要保证件 2 的精度要求，然后保证件 2 与件 1、件 3 的配合精度要求及装配精度要求。

（2）操作步骤

1）件 2 加工

将圆形坯件置于 V 形铁上，照图划出中心线及六角形加工线，中心处钻、铰 ϕ8H7 孔，以中心为基准，加工六角形体 6 面。严格保证各面到孔壁的距离一致，保证图样要求。锐边倒钝。

2）件 1 加工

粗、精锉件 1 外形尺寸 $70_{-0.03}^{0}$ mm 和 $50_{-0.03}^{0}$ mm 至要求，尽量接近上偏差，保证平面度、垂直度、平行度等要求。

3）件 3 加工

①粗、精锉件 3 外形尺寸 $70_{-0.03}^{0}$ mm 和 $50_{-0.03}^{0}$ mm，尽量接近上偏差，保证平面度、平行度、垂直度要求。

②工件做好记号，以件 2 认面配作件 3 的 120°半六方。利用 ϕ8h6 圆柱销和百分表测量，保证左、右斜面对称及尺寸要求，保证锉配后两件之间的配合尺寸 $50_{-0.03}^{0}$。

4）组合件加工

①在件 3 上划出销钉孔位置。把件 1、件 2、件 3 组合在一起夹紧，保证装配位置要求，由件 2 向件 1 引钻、铰 ϕ8H7 孔。

②钻、铰件 3、件 1 上左端的 ϕ8H7 销钉孔，保证孔位要求。

③件 1 左、右翻转 180°，把件 1、件 2、件 3 组合在一起，在件 2 与件 1 销钉孔中装入销钉，按装配关系调整好夹紧，以件 1、件 3 上已加工的 ϕ8H7 孔为基准，分别由件 1 向件 3、件 3 向件 1 引钻、铰 ϕ8H7 孔。

④插入两个 ϕ8h6 圆柱销，检测组合件质量，必要时做修整，保证各要求。

⑤分别将件 2、件 3 翻转 180°，插入 ϕ8h6 圆柱销，检测翻转后组合质量，做必要的修整，保证各要求。

⑥锐边去毛刺、倒钝。

（3）注意事项

①插入圆柱销时，圆柱销表面应沾些机油，防止各工件表面相咬。

②各加工面的平面度要求和与大平面的垂直度要求，应严格控制在 0.02 mm 之内。

③课题图上虽无对称度要求，但为保证最后组合加工精度，各工件加工时，均应严格保证对称要求。

④件 1、件 2、件 3 钻孔时，务必保证孔中心与大平面垂直，否则，插入圆柱销后，两件间平面不能贴平。

⑤钻、铰件 1、件 3 上左端的 ϕ8H7 圆柱销孔时，可先钻一个 ϕ7 左右的孔，用锉刀修正后，再扩孔铰孔，保证孔的位置要求。

任务评价

填写评价表

工作任务评价表					
任务名称：			班级： 小组： 姓名：	指导教师： 日　　期：	
评价项目	评价标准	评价方式			权重	小计
^	^	1. 护目镜、衣扣、袖口系紧；2. 量具使用完后放回量具盒；3. 机床、工具箱台面清理；4. 高度尺使用完后收回办公室；5. 机床设备使用登记本填写；6. 教室、厂房清理			^	^
职业素养	1. 遵守实训规章制度 2. 严格执行"6S"管理 3. 遵守安全生产规定 4. 组织协作能力				0.3	
专业能力	1. 理解装配要求并制订正确的装配工艺 2. 正确、合理选用工、量具 3. 操作准确、规范 4. 分析判断准确 5. 任务完成质量好				0.5	
创新能力	1. 任务过程中主动分析、解决问题 2. 合理组织任务实施				0.2	
合计						

第 2 章 车 工

2.1 车工入门知识

任务描述

①掌握车削加工的工艺范围、工艺特点及工艺过程。
②了解卧式车床的组成及各部分的作用,熟练掌握车床的操作方法并能正确调整车床。
③掌握车刀的构成、安装与刃磨。
④熟悉车削加工一般工件的定位、装夹及加工方法。
⑤能根据设备及实际生产状况独立完成一定的生产任务。

任务要求

①了解车工工种内容。
②了解车工安全文明生产内容和操作规程。
③了解生产实习课的教学特点。
④了解车床日常维护和一级保养。
⑤了解车工车间实训场地的设备与生产概况。

理论知识

车工生产实训课的任务是培养学生熟练掌握车工的基本操作技能;能熟练地使用、调整车工的主要设备;独立进行一级保养;正确使用工、夹、量、刀具,并具有安全生产知识和文明生产的习惯;会做本工种中级技术等级工件的工作;培养良好的职业道德。要在生产实训教学过程中发展学生的技能,还应该逐步创造条件,争取完成 1~2 个相近工种的基本操作技能训练。

1. 车工工种的工作内容

车床是利用工件的旋转运动和刀具的进给运动来切削工件,使之加工成符合图纸要求的零件。车削的加工范围很广,常用来加工零件上的回转表面,其基本的工作内容是车外圆、车端面、切槽、切断、打中心孔、钻孔、镗孔、铰孔、车削各种螺纹、车圆锥面、车成形面、滚花及盘绕弹簧等,如图 2.1.1 所示。

2. 车床文明生产和安全操作规程

(1) 文明生产

文明生产是工厂管理的一项十分重要的内容,它直接影响产品质量的好坏。文明的

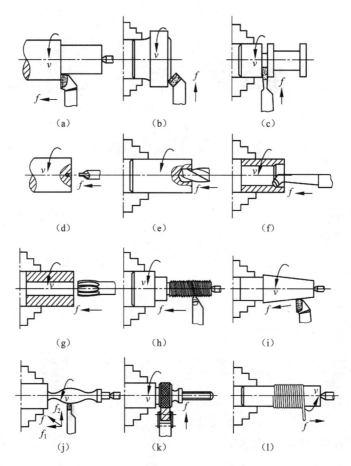

图 2.1.1 车工工种的工作内容

(a) 车外圆；(b) 车端面；(c) 切槽；(d) 打中心孔；(e) 钻孔；(f) 镗孔；
(g) 铰孔；(h) 车螺纹；(i) 车圆锥面；(j) 车成形面；(k) 滚花；(l) 盘绕弹簧

生产习惯影响设备和工、夹、量具的使用寿命，影响操作者技能的发挥。因此，要求操作者在操作时必须做到：

①车床四周的工作场地必须保持清洁，道路畅通，调节车床照明灯，使工作区光线充足。

②开车前要润滑机床，检查机床各部分机构是否完好。各手柄是否处于正确位置，防止开车时因突然撞击而损坏机床。开启机床后，应使主轴低速空转 1~2 min。

③卡盘扳手用毕须随手取下，防止遗留在卡盘上的扳手在开车时飞出，伤人损物。

④工件和刀具须装夹牢固。开车前要用手扳动卡盘，检查工件与床面、刀架、滑板等是否会相碰。操作者不宜站在卡盘转动的同一平面上，以免工件装夹不牢而飞出伤人。

⑤改变主轴转速时，必须先停车，严禁开车变速。变速时，必须将手柄扳到正确的位置，使齿轮处于完全啮合状态。不能同时使用纵、横向自动进给手柄。

⑥工件转动时，不得用手触摸或进行测量。工件加工完毕后，温度可能很高，避免

烫手。

⑦工作时，不得用手直接清理切屑，以防伤手。

⑧在车床上用锉刀锉正在旋转的螺纹工件时，严禁戴手套操作；不要用手触摸正在加工的螺纹表面（特别是小径内螺纹），否则，可能因手指被卷入而造成严重事故。

⑨加工中发现异常时，应立即停车进行检查，排除故障后方可重新开车。

⑩工作时，应精力集中，坚守岗位。必须离开机床时，要先停车并切断电源。下课时，要擦净机床，整理场地，关闭电源。

⑪车床每运行500 h之后，应以操作工人为主、维修工人为辅进行一次一级保养，内容包括清洗和检查机床各主要部分。

（2）操作者应注意工、量、夹具及图纸的合理放置

①不允许在机床上堆放工件或工具，不能在主轴箱或床身导轨上敲击工件。

②工具箱的布置要分类，并保持整齐、清洁。要求小心使用的物体稳妥放置，重物在下面，轻物在上面。

③刀具、量具、工具分类排列整齐，尽可能靠近和集中在操作者的周围。毛坯、半成品、成品分开堆放稳固和拿取方便，工艺、图纸的安放位置要便于阅读，并保持清洁和完整。

④工作区域周围应保持清洁和整齐。

（3）安全操作规程

①要求操作人员身穿紧袖口和紧下摆的工作服，长发的同学必须戴工作帽，并将头发塞在工作帽内。

②严禁戴手套进行车工操作。

③佩戴护目镜，头部离工件不能太近。

3. 车床日常维护和一级保养

（1）车床的日常维护、保养要求

①每天工作后，切断电源，对车床各表面、各罩壳、导轨面、丝杠、光杠、各操纵手柄和操纵杆进行擦拭，做到无油污、无铁屑，车床外表清洁。

②每周保养床身导轨面和中、小滑板导轨面及转动部位。要求油路畅通、油标清晰，并清洗油绳和护床油毛毡，保持车床外表清洁和工作场地整洁。

（2）车床的一级保养要求

通常当车床运行500 h后，需进行一级保养。其保养工作以操作工人为主，在维修工的配合下进行。保养时，必须先切断电源，然后按下述顺序和要求进行。

1）主轴箱的保养

①清洗滤油器，使其无杂物。

②检查主轴锁紧螺母有无松动，检查螺钉是否拧紧。

③调整制动器及离合器摩擦片的间隙。

2）交换齿轮箱的保养

①清洗齿轮、轴套，并在油杯中注入新的油脂。

②调整齿轮啮合间隙。

③检查轴套有无晃动现象。

3）滑板和刀架的保养

拆洗刀架和中、小滑板，洗净擦干后重新组装，并调整中、小滑板与镶条的间隙。

4）尾座的保养

摇出尾座套筒，并擦净涂油，保持内外清洁。

5）润滑系统的保养

①清洗冷却泵、滤油器和盛液盘。

②保证油路通畅，油孔、油绳、油毡清洁无铁屑。

③保持油质良好、油杯齐全、油标清晰。

6）电气系统的保养

①清扫电动机、电气箱上的尘屑。

②电气装置固定整齐。

7）外表的保养

①清洗车床外表面及各罩盖，保持其内外清洁，无锈蚀、无油污。

②清洗二杠。

③检查螺钉、手柄是否齐全。

4. 生产实习课教学的特点

生产实习课教学主要是培养学生全面掌握技术操作的技能、技巧，与文化理论课教学相比，其具有如下特点：

①在教师指导下，经过示范、观察、模仿、反复练习，使学生获得基本操作技能。

②要求学生经常分析自己的操作动作和生产实习的综合效果，善于总结经验，改进操作方法。

③通过实践，提高学生的职业基本功。

④生产实习课教学是结合生产实际进行的，所以，在整个生产实习教学过程中，都要教育学生安全操作和文明生产。

⑤参观历届同学的实训工件和生产产品。

⑥参观学校或工厂的设施。

5. 讨论

①对学习车工技术的认识和想法。

②遵守车工安全文明操作规程。

③生产中遵守安全、文明操作规程的意义。

6. 入门知识的练习

①文明生产是工厂_____的一项十分重要的内容，它直接影响_____的好坏。文明的生产习惯影响_____、_____、_____的使用寿命，影响操作者技能的发挥。

②操作者在摆放_____、_____、_____时，要按照图纸的位置合理放置。

③通常当车床运行_____h后，需进行_____保养。其保养工作以_____人为主，在维修工的配合下进行。保养时，必须先切断电源。

④文明生产要求操作者在操作时必须做到什么？

⑤安全操作规程有哪些?
⑥车床的日常维护、保养的要求是什么?
⑦主轴箱该怎样保养?
⑧交换齿轮箱该怎样保养?
⑨滑板和刀架该怎样保养?
⑩润滑系统该怎样保养?
⑪电气系统该怎样保养?
⑫外表的保养该怎样做?
⑬生产实习课教学主要是培养学生全面掌握技术操作的技能、技巧,与文化理论课教学相比,其具有什么特点?

随笔小结

组织实施

任务分配表

项目	姓名(负责人)						扣分情况
安全规程收集	学习委员(由学习委员通知收集,各组组长配合,收齐各组资料交由学习委员)						
人员分组安排 总组长: 班长:	第一组(工位号) 组长: 组员:	第二组(工位号) 组长: 组员:	第三组(工位号) 组长: 组员:	第四组(工位号) 组长: 组员:	第五组(工位号) 组长: 组员:	第六组(工位号) 组长: 组员:	组长10分、组员5分
安全员安排	班长(出现问题,一次扣10分)						
卫生安排	生活委员及各组组长(厂房地面、机床、工具箱台面、教室卫生等。卫生打扫不到位,一次扣生活委员及组长10分,组员扣5分),有生活委员安排打扫卫生的组(轮换)						

续表

项目	姓名（负责人）	扣分情况
安全规程收集	学习委员（由学习委员通知收集，各组组长配合，收齐各组资料交由学习委员）	
机床设备使用登记本	由学习委员安排组长负责	
教学交接记录本	教师	
上交实习日记	学习委员	
护目镜发放，工作服巡视检查（每天不定时）	班长（班长负责护目镜发放，班长、副班长同时每天不定时检查工作服、帽、护目镜的穿戴情况，一次不合格者，扣10分）	
高度尺、卡尺、千分尺的发放（每天）	学习委员收发（每次实训完，要收回办公室并检查是否完好，出现问题由个人负责，扣10分）	
损坏保修	班长	
交学生日志卡	考勤班长	
视频播放	团支书（每天定时定点播放视频）	
安全考试安排	学习委员（主要是管理好纪律）	
发放和收集实习报告、填写老师和学生考勤日志卡	考勤班长和学习委员（做到认真负责）	
机床保养	班长及全班学生	

设备日常点检表

设备日常点检表									
普通机械加工中心设备日常点检表						日期		指导教师1	
学号:		姓名:	设备名称:			实训区域		指导教师2	
序号	点检内容 ○ 开动中 ● 停止		基准	方法	周期	设备型号 检查日期		设备编号	
1	清扫	●	机床顶部	无灰尘、油污	目视、触摸	班	第一天	第二天	第三天	第四天	第五天
2		●	移动工作台	无杂物、铁屑	目视、触摸	班					
3		●	机床底座、四周	无油污、杂物	目视、触摸	班					
4		●	电动机外表	无油污、杂物	目视、触摸	班					
5	加油	●	润滑油油标	油量达到2/3	目视	班	第一天	第二天	第三天	第四天	第五天
6		●	冷却润滑	冷却液充足	目视	班					
7		●	导轨润滑	移动进给灵活	目视、手拭	班					
8	点检	○	齿轮箱	无变形、固定牢靠	目视	班					
9		○	各轴	运动正常	目视	班					
10		○	按钮和指示灯	无损坏、松动	手拭	班					
11		●	柜外表	无油污、灰尘	目视、触摸	班					
12		○	显示屏	程序运行正常	目视、触摸	班					
13		○	油管	无破损、无漏油	目视	班					

续表

设备日常点检表							
普通机械加工中心设备日常点检表					日期		指导教师1
学号：	姓名：		设备名称：		实训区域		指导教师2
序号	点检内容 ○ 开动中 ● 停止		基准	方法	周期	设备型号	设备编号
						检查日期	
不正常时，通知相关维修人员并填写保修单	1. 点检人签名						
	2. 点检人签名						
	注：（1）点检情况按颜色填入表格，良好"√"、故障"▲"；（2）工作中，如设备发生故障，在相应格中打"×"标记；（3）每天一小格。						

任务评价

填写评价表

工作任务评价表					
任务名称：		班级： 小组： 姓名：		指导教师： 日　　期：	
评价项目	评价标准	评价方式		权重	小计
		1. 护目镜、衣扣、袖口系紧；2. 量具使用完后放回量具盒；3. 机床、工具箱台面清理；4. 高度尺使用完后收回办公室；5. 机床设备使用登记本填写；6. 教室、厂房清理			
职业素养	1. 遵守实训规章制度 2. 严格执行"6S"管理 3. 遵守安全生产规定 4. 组织协作能力			0.3	

续表

工作任务评价表					
任务名称：		班级： 小组： 姓名：	指导教师： 日　期：		
评价项目	评价标准	评价方式		权重	小计
		1. 护目镜、衣扣、袖口系紧；2. 量具使用完后放回量具盒；3. 机床、工具箱台面清理；4. 高度尺使用完后收回办公室；5. 机床设备使用登记本填写；6. 教室、厂房清理			
专业能力	1. 理解装配要求并制订正确的装配工艺 2. 正确、合理选用工、量具 3. 操作准确、规范 4. 分析判断准确 5. 任务完成质量好			0.5	
创新能力	1. 任务过程中主动分析、解决问题 2. 合理组织任务实施			0.2	
合计					

个人总结

2.2　车床和车刀基本知识

任务描述

①了解车床型号、规格、主要部件的名称和作用。
②了解车床的传动系统。

③了解常用刀具的种类及材料。
④了解切削过程与控制。
⑤了解切削液。
⑥熟练掌握车床的基本操作。

任务要求

①熟练掌握车工的基本操作技能。
②能熟练地使用、调整车工的主要设备。
③独立进行一级保养。
④正确使用工、夹、量、刀具。

理论知识

1. 卧式车床的主要结构

CD6240型车床是最常用的国产卧式车床，其外形结构如图2.2.1所示。它的主要组成部分和用途如下。

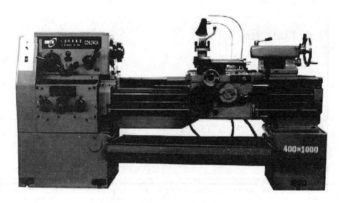

图2.2.1 国产卧式车床

（1）主轴部分

①主轴箱内有多组齿轮变速机构，变换箱外手柄位置，可以使主轴得到各种不同的转速。

②卡盘用来夹持工件，带动工件一起旋转。

（2）挂轮箱部分

它的作用是把主轴的旋转运动传送给进给箱。变换箱内齿轮，并和进给箱及长丝杠配合，可以车削各种不同螺距的螺纹。

（3）进给部分

①进给箱。进给箱利用它内部的齿轮传动机构，可以把主轴传递的动力传给光杠或丝杠。变换箱外手柄位置，可以使光杠或丝杠得到各种不同的转速。

②丝杠。丝杠用来车螺纹。

③光杠。光杠用来传递动力，带动床鞍、中滑板，使车刀做纵向或横向进给运动。

(4) 溜板部分

①溜板箱。变换箱外手柄位置,在光杠或丝杠的传动下,可使车刀按要求方向做进给运动。

②滑板。滑板分床鞍、中滑板、小滑板三种。床鞍做纵向移动,中滑板做横向移动,小滑板通常做纵向移动。

③刀架。刀架用来装夹车刀。

(5) 尾座

尾座用来装夹顶尖、支顶较长工件,它还可以装夹其他切削刀具,如钻头、铰刀等。

①床身。床身用来支持和装夹车床的各个部件。床身上面有两条精确的导轨,床鞍和尾座可沿着导轨移动。

②附件。中心架和跟刀架在车削较长工件时,起支撑作用。

2. 车床传动系统

车床传动系统如图 2.2.2 所示。

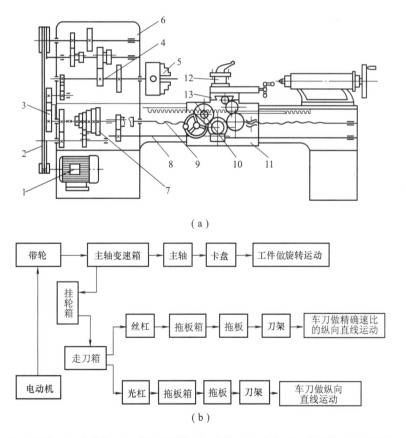

1—电动机;2—皮带轮;3—床头变速箱;4—主轴;5—卡盘;6—挂轮箱;7—走刀箱;8—光杠;9—丝杠;10—横向拖板;11—拖板箱;12—刀架;13—纵向拖板。

图 2.2.2　车床传动系统

(a) 示意图;(b) 框图

电动机输出的动力,经皮带传给主轴箱带动主轴、卡盘和工件做旋转运动。此外,主轴的旋转还通过挂轮箱、进给箱、光杠或丝杠到溜板箱,带动床鞍、刀架沿导轨做直线运动。

3. 车刀

(1) 常用车刀

①常用车刀的种类和用途。车削加工时,根据不同的车削要求,需选用不同种类的车刀。常用车刀的种类及其用途见表2.2.1。

表 2.2.1 常用车刀的种类及其用途

车刀种类	车刀外形图	用 途	车削示意图
90°车刀(偏刀)	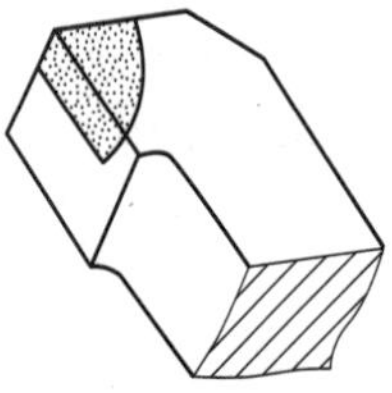	车削工件的外圆和台阶等	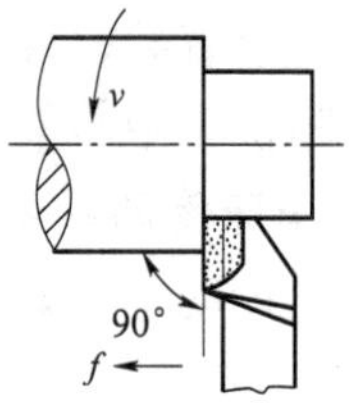
75°车刀	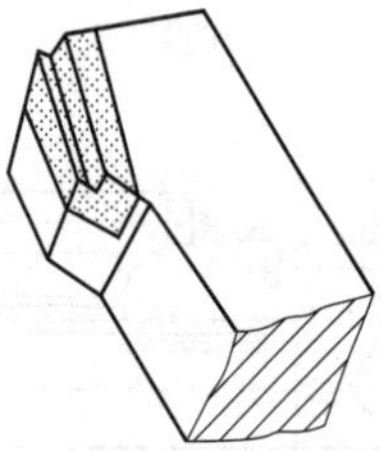	车削工件的外圆等	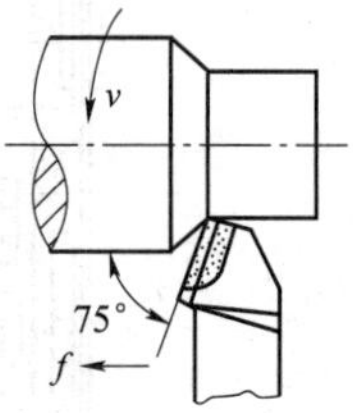
45°车刀(弯头车刀)	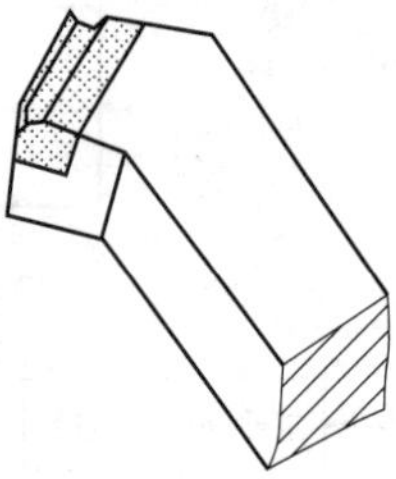	车削工件的外圆和倒角	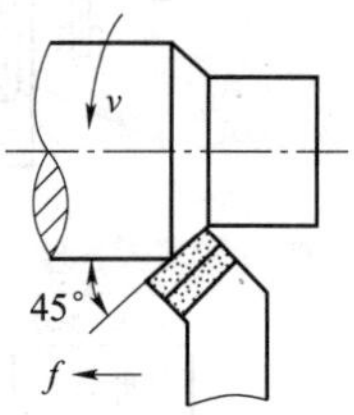
切断刀	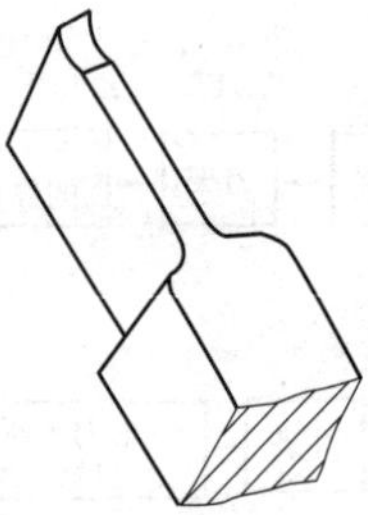	切断工件或在工件上车槽	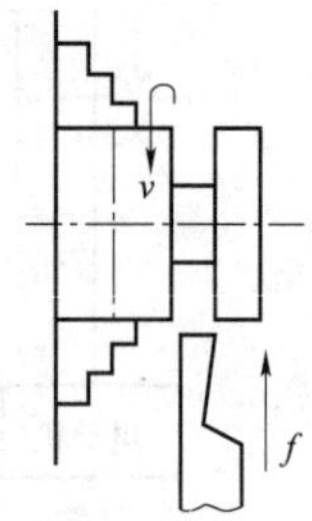
内孔车刀	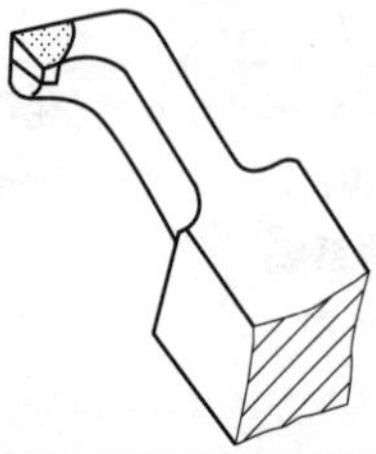	车削工件内孔	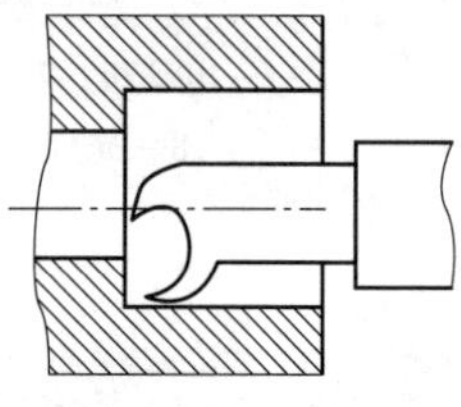

续表

车刀种类	车刀外形图	用途	车削示意图
圆头车刀		车削工件的圆弧或成形面	
螺纹车刀		车削螺纹	

②硬质合金可转位车刀。硬质合金可转位车刀是近年来国内外大力发展并广泛应用的先进刀具之一。其结构形状如图 2.2.3 所示,刀片用机械夹紧机构装夹在刀柄上。当刀片上的一个切削刃磨钝后,只需将刀片转过一个角度,即可用新的切削刃继续车削,从而大大缩短了换刀和磨刀的时间,并提高了刀柄的利用率。硬质合金可转位车刀的刀柄可以装夹各种不同形状和角度的刀片,分别用来车外圆、车端面、切断、车孔和车螺纹等。

图 2.2.3 硬质合金可转位车刀

4. 刀具材料和切削用量

（1）车刀切削部分应具备的基本性能

车刀切削部分在很高的温度下工作,经受连续强烈的摩擦,并承受很大的切削力和冲击,所以车刀切削部分的材料必须具备下列基本性能：

①较高的硬度。

②较高的耐磨性。

③足够的强度和韧性。

④较高的耐热性。

⑤较好的导热性。

⑥良好的工艺性和经济性。

（2）车刀切削部分的常用材料

目前,车刀切削部分的常用材料有高速钢和硬质合金两大类。

①高速钢。高速钢是含钨（W）、钼（Mo）、铬（Cr）、钒（V）等合金元素较多的

工硬质合金可转位车刀具钢。高速钢刀具制造简单,刃磨方便,容易通过刃磨得到锋利刃口,并且韧性较好,常用于承受冲击力大的场合。高速钢特别适用于制造各种结构复杂的成形刀具和孔加工刀具,例如成形车刀、螺纹刀具、钻头和铰刀等。高速钢耐热性较差,因此不能用于高速切削。

②硬质合金。硬质合金是用钨和钛的碳化物粉末加钼作为黏结剂,高压压制成形后再经高温烧结而成的粉末冶金制品。硬度、耐磨性和耐热性均高于高速钢。切削钢时,切削速度可达 220 m/min。硬质合金的缺点是韧性较差,承受不了大的冲击力。硬质合金是目前应用最广泛的一种车刀材料。

（3）切削用量三要素

切削用量是表示主运动与进给运动大小的参数。它包括切削深度、进给量、切削速度,如图 2.2.4 所示。合理选择切削用量与提高生产效率有着密切的关系。

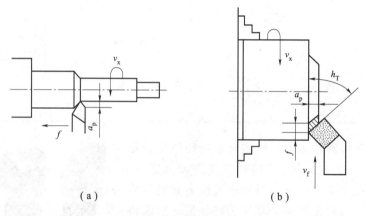

图 2.2.4 切削用量

①切削深度:工件上已加工表面和待加工表面间的垂直距离,也就是每次进给时车刀切入工件的深度(单位:mm)。车外圆时的切削深度可按下式计算:

$$a_p = (d_w - d_m)/2$$

式中, a_p 为切削深度, mm; d_w 为工件待加工表面直径, mm; d_m 为工件已加工表面直径, mm。

②进给量:工件每转一周,车刀沿进给方向移动的距离。它是衡量进给运动大小的参数(单位:mm/r)。进给又分为横向进给和纵向进给两种。纵向进给是指沿车床床身导轨方向的进给量;横向进给是指垂直于车床床身导轨方向的进给量。

③切削速度:在进行切削时,刀具切削刃上的某一点相对于待加工表面在主运动方向上的瞬时速度。也可以理解为车刀在 1 min 内车削工件表面的理论展开直线长度(但必须假定切屑没变形或收缩)。它是衡量主运动大小的参数(单位:m/min),计算公式为:

$$v = \pi d_w n/1\,000 = 3.14 \times 60 \times 600/1\,000 = 113 \text{ (m/min)}$$

式中, v 为切削速度, m/min; d_w 为工件直径, mm; n 为车床主轴每分钟转数, r/min。

例:车削直径 $d_w = 60$ mm 的工件外圆,车床主轴转速 $n = 600$ r/min,求切削速度 v。

解:根据公式可得:

$$v = \pi d_w n/1\,000 = 3.14 \times 60 \times 600/1\,000 = 113 \text{ (m/min)}$$

5. 车削运动

车削时，为了切除多余的金属，必须使工件和车刀产生相对的车削运动。按其作用划分，车削运动可分为主运动和进给运动两种，如图 2.2.5 所示。

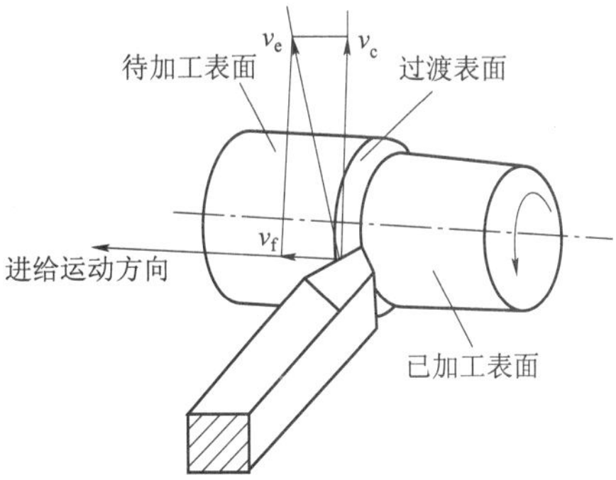

（1）主运动

机床的主运动消耗机床的主要动力。车削时工件的旋转运动是主运动。通常主运动的速度较高。

（2）进给运动

进给运动是指使工件的多余材料不断被去除的切削运动。如车外圆的纵向进给运动、车端面时的横向进给运动等。在车削运动中，工件上会形成已加工表面、过渡表面和待加工表面，如图 2.2.5 所示。

① 已加工表面。已经切去多余金属而形成的表面。

② 过渡表面。过渡表面又叫作加工表面，是指车刀切削刃正在切削的表面。

③ 待加工表面。即将被切去金属层的表面。

图 2.2.5 车削运动

6. 切削过程与控制

切削过程是指通过切削运动，刀具从工件表面上切下多余的金属层，从而形成切屑和已加工表面的过程。在各种切削过程中，一般都伴随有切屑的形成、切削力、切削热及刀具磨损等物理现象，它们对加工质量、生产率和生产成本等有直接影响。

（1）切屑的形成及种类

在切削过程中，刀具推挤工件，首先使工件上的一层金属产生弹性变形，刀具继续进给时，在切削力的作用下，金属产生不能恢复原状的滑移（即塑性变形）。当塑性变形超过金属的强度极限时，金属就从工件上断裂下来成为切屑。随着切削继续进行，切屑不断地产生，逐步形成已加工表面。

由于工件材料和切削条件不同，切削过程中材料变形程度也不同，因而产生了各种不同的切屑，其类型见表 2.2.2。其中比较理想的是短弧形切屑、短环形螺旋切屑和短锥形螺旋切屑。

表 2.2.2 切屑形状的分类

切屑类型	长	短	缠乱
带状切屑			
管状切屑			

续表

切屑类型	长	短	缠乱
盘旋状切屑			
环状螺旋切屑			
锥形螺旋切屑			
弧线切屑			
单元切屑			
针形切屑			

在生产中最常见的是带状切屑，产生带状切屑时，切削过程比较平稳，因而工件表面较光滑，刀具磨损也较慢。但带状切屑长时会妨碍工作，并容易发生人身事故，所以应采取断屑措施。影响断屑的主要因素如下：

①断屑槽的宽度。断屑槽的宽度对断屑的影响很大。一般来讲，宽度减小，使切屑卷曲半径减小，卷曲变形及弯曲应力增大，容易断屑。

②切削用量。生产实践和试验证明，切削用量中对断屑影响最大的是进给量，其次是背吃刀量和切削速度。

③刀具角度。刀具角度中以主偏角和刃倾角对断屑的影响最为明显。

（2）切削力

切削加工时，工件材料抵抗刀具切削所产生的阻力称为切削力。切削力是在车刀车削工件的过程中产生的大小相等、方向相反的作用在车刀和工件上的力。

（3）切削力的分解

为了测量方便，可以把切削力分解为主切削力、背向力和进给力三个分力，如图2.2.6所示。

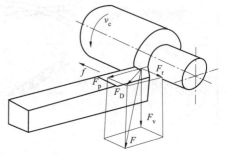

图 2.2.6　切削力

①主切削力。在主运动方向上的分力。
②背向力（切深抗力）。在垂直于进给运动方向上的分力。
③进给力（进给抗力）。在进给运动方向上的分力。
（4）影响切削力的主要因素
切削力的大小与工件材料、车刀角度及切削用量等因素有关。
①工件材料。工件材料的强度和硬度越高，车削时的切削力就越大。
②主偏角。主偏角变化使切削分力的作用方向改变，当主偏角增大时，背向力减小，进给力增大。
③前角。增大车刀的前角，车削时的切削力就降低。
④背吃刀量和进给量。一般车削时，当进给量不变，背吃刀量增大一倍时，主切削力也成倍地增大；而当背吃刀量不变，进给量增大一倍时，主切削力增大70%~80%。

7. 切削液

切削液又称冷却润滑液，是在车削过程中为改善切削效果而使用的液体。在车削过程中，在切屑、刀具与加工表面间存在着剧烈的摩擦，并产生很大的切削力和大量的切削热。合理地使用切削液，不仅可以减小表面粗糙度、切削力，而且还可以降低切削温度，从而延长刀具寿命，提高劳动生产率和产品质量。

（1）切削液的作用
①冷却作用。切削液能吸收并带走切削区域大量的热量，降低刀具和工件的温度，从而延长刀具的使用寿命，并能减小工件因热变形而产生的尺寸误差，同时，也为提高生产率创造了条件。
②润滑作用。切削液能渗透到工件与刀具之间，在切屑与刀具的微小间隙中形成一层很薄的吸附膜，因此，可减小刀具与切屑、刀具与工件间的摩擦，减少刀具的磨损，使排屑流畅并提高工件的表面质量。对于精加工，润滑作用就显得更加重要了。
③清洗作用。车削过程中产生的细小切屑容易吸附在工件和刀具上，尤其是铰孔和钻深孔时，切屑容易堵塞。如加注一定压力、足够流量的切削液，则可将切屑迅速冲走，使切削顺利进行。

（2）切削液的种类
车削时常用的切削液有水溶性切削液和油溶性切削液两大类。

8. 操纵练习注意事项

①摇动滑板时，要集中注意力，做模拟切削运动。
②分清小滑板与中滑板的进退刀方向，要求反应灵活、动作准确。
③变换转速时，应停车进行。
④注意车床正确的启停顺序。
⑤车床运转操作时，转速要慢，注意防止左右前后碰撞，以免发生事故。

9. 车床和车刀基本知识的练习

①电动机输出的动力，经皮带传给_____箱带动_____、_____和_____做_____运动。此外，主轴的旋转还通过_____箱、_____箱、_____杠或_____杠到_____箱，带动床鞍、刀架沿导轨做_____运动。
②车削时常用的切削液有_____切削液和_____切削液两大类。

③CD6140A车床包括哪些部件？
④常用的车刀有哪些？用途分别是什么？
⑤切削用量三要素是什么？
⑥切削下来的铁屑类型有什么？

组织实施

任务分配表

项目	姓名（负责人）						扣分情况
安全规程收集	学习委员（由学习委员通知收集，各组组长配合，收齐各组资料交由学习委员）						
人员分组安排 总组长： 班长：	第一组（工位号） 组长： 组员：	第二组（工位号） 组长： 组员：	第三组（工位号） 组长： 组员：	第四组（工位号） 组长： 组员：	第五组（工位号） 组长： 组员：	第六组（工位号） 组长： 组员：	组长10分、组员5分
安全员安排	班长（出现问题，一次扣10分）						
卫生安排	生活委员及各组组长（厂房地面、机床、工具箱台面、教室卫生等。卫生打扫不到位，一次扣生活委员及组长10分，组员扣5分），有生活委员安排打扫卫生的组（轮换）						
机床设备使用登记本	由学习委员安排组长负责						
教学交接记录本	教师						
上交实习日记	学习委员						
护目镜发放，工作服巡视检查（每天不定时）	班长（班长负责护目镜发放，班长、副班长同时每天不定时检查工作服、帽、护目镜的穿戴情况，一次不合格者，扣10分）						
高度尺、卡尺、千分尺的发放（每天）	学习委员收发（每次实训完，要收回办公室并检查是否完好，出现问题由个人负责，扣10分）						
损坏保修	班长						

续表

项目	姓名（负责人）	扣分情况
安全规程收集	学习委员（由学习委员通知收集，各组组长配合，收齐各组资料交由学习委员）	
交学生日志卡	考勤班长	
视频播放	团支书（每天定时定点播放视频）	
安全考试安排	学习委员（主要是管理好纪律）	
发放和收集实习报告、填写老师和学生考勤日志卡	考勤班长和学习委员（做到认真负责）	
机床保养	班长及全班学生	

设备日常点检表

设备日常点检表										
普通机械加工中心设备日常点检表						日期		指导教师1		
学号：		姓名：	设备名称：			实训区域		指导教师2		
序号	点检内容 ○ 开动中 ● 停止		基准	方法	周期	设备型号		设备编号		
						检查日期				
1	清扫	● 机床顶部	无灰尘、油污	目视、触摸	班	第一天	第二天	第三天	第四天	第五天
2		● 移动工作台	无杂物、铁屑	目视、触摸	班					
3		● 机床底座、四周	无油污、杂物	目视、触摸	班					
4		● 电动机外表	无油污、杂物	目视、触摸	班					

续表

设备日常点检表										
普通机械加工中心设备日常点检表						日期		指导教师1			
学号：		姓名：		设备名称：			实训区域		指导教师2			
序号	点检内容 ○ 开动中 ● 停止		基准	方法	周期	设备型号		设备编号		
^	^		^	^	^	检查日期					
5	加油	●	润滑油油标	油量达到2/3	目视	班	第一天	第二天	第三天	第四天	第五天
6	^	●	冷却润滑	冷却液充足	目视	班					
7	^	●	导轨润滑	移动进给灵活	目视、手拭	班					
8	点检	○	齿轮箱	无变形、固定牢靠	目视	班					
9	^	○	各轴	运动正常	目视	班					
10	^	○	按钮和指示灯	无损坏、松动	手拭	班					
11	^	●	柜外表	无油污、灰尘	目视、触摸	班					
12	^	○	显示屏	程序运行正常	目视、触摸	班					
13	^	○	油管	无破损、无漏油	目视	班					
不正常时，通知相关维修人员并填写保修单	1. 点检人签名										
^	2. 点检人签名										
^	注：(1) 点检情况按颜色填入表格，良好"√"、故障"▲"；(2) 工作中，如设备发生故障，在相应格中打"×"标记；(3) 每天一小格。										

任务评价

填写评价表

		工作任务评价表		
任务名称：		班级： 小组： 姓名：	指导教师： 日　　期：	
评价项目	评价标准	评价方式	权重	小计
		1. 护目镜、衣扣、袖口系紧；2. 量具使用完后放回量具盒；3. 机床、工具箱台面清理；4. 高度尺使用完后收回办公室；5. 机床设备使用登记本填写；6. 教室、厂房清理		
职业素养	1. 遵守实训规章制度 2. 严格执行"6S"管理 3. 遵守安全生产规定 4. 组织协作能力		0.3	
专业能力	1. 理解装配要求并制订正确的装配工艺 2. 正确、合理选用工、量具 3. 操作准确、规范 4. 分析判断准确 5. 任务完成质量好		0.5	
创新能力	1. 任务过程中主动分析、解决问题 2. 合理组织任务实施		0.2	
合计				

个人总结

2.3 车外圆、端面、台阶和钻中心孔

任务描述

①熟悉车刀的装夹和应用（45°外圆车刀的装夹和应用）。
②了解铸件毛坯的装夹和找正。
③熟悉粗、精车概念，用钢直尺测量长度并检查平面凹凸，达到图样精度要求。
④掌握用手动进给车外圆、端面和倒角。
⑤掌握刻度盘的计算和应用。
⑥遵守操作规程，养成文明生产、安全生产的好习惯。

任务要求

①掌握台阶长度的测量和控制方法。
②了解工件的调头找正和车削。
③掌握游标卡尺的使用。
④了解90°车刀及应用。

理论知识

1. 车外圆和端面

（1）车刀的装夹和应用（45°外圆车刀的装夹和应用）

45°外圆车刀有两个刀尖：前端一个刀尖通常用于车工件外圆，左侧另一个刀尖通常用于车平面。主、副刀刃，在需要时可用来左、右倒角，如图2.3.1所示。车刀装夹时，左侧的刀尖必须严格对准工件旋转中心，否则，在车平面至中心时，会留有凸头或造成刀尖碎裂，如图2.3.2所示。刀头伸出长度为杆厚度的1.0~1.5倍。伸出过长，刚性变差，车削时容易引起振动。

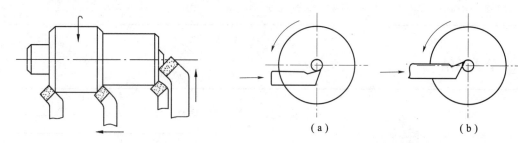

图 2.3.1　45°外圆车刀的使用　　　　图 2.3.2　车刀安装应对准中心

（2）铸件毛坯的装夹和找正

要选择工件平整的表面进行装夹，以确保装夹牢靠，找正外圆时，一般要求不高，只要保证能车至图样尺寸及未加工面余量均匀即可。如发现毛坯工件截面呈椭圆形，应

以直径小的相对两点为基准进行找正。

(3) 粗、精车概念

车削工件一般分为粗车和精车。

1) 粗车

在车床动力条件许可时,通常选择切削深度和进给量大一些,转速不宜过快,以合理时间尽快把工件余量车掉。粗车对切削表面没有严格要求,只需留一定的精车余量即可。由于粗车切削力较大,工件装夹必须牢靠。粗车的另一作用是:可以及时发现毛坯材料内部的缺陷,如夹渣、砂眼、裂纹等,也能消除毛坯工件内部残存的应力和防止热变形等。

2) 精车

精车是车削的末道加工。为了使工件获得准确的尺寸和规定的表面粗糙度,操作者在精车时,通常把车刀修磨得锋利些。车床转速选得高一些,进给量选得小一些。

(4) 用手动进给车端面、外圆和倒角

1) 车端面的方法

开动车床使工件旋转,移动小滑板或床鞍控制吃刀量,然后锁紧床鞍,摇动中滑板丝杠进给,由工件外向中心车削或由工件中心向外车削,如图2.3.3所示。

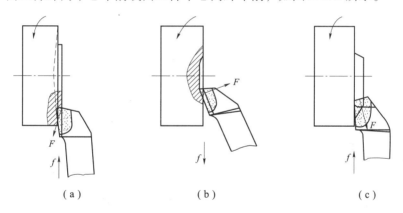

图 2.3.3 车平面的方法

(a)(c) 由工件外向中心车削;(b) 由工件中心向外车削

2) 车外圆的方法

①移动床鞍至工件右端,用中滑板控制吃刀量,摇动小滑板丝杠或床鞍做纵向移动车外圆,如图2.3.4所示。一次进给车削完毕,横向退出车刀,再纵向移动刀架滑板或床鞍至工件右端,进行第二次、第三次进给车削,直至符合图样要求为止。

②在车外圆时,通常要进行试切削和试测量。其具体方法是:根据工件直径余量的1/2做横向进刀,当车刀在纵向外圆上移动至2 mm左右时,纵向快速退出车刀,然后停车测量,如图2.3.4所示。如果尺寸已符合要求,就可以切削了;否则,可以按上述方法继续进行试切削和试测量。

③为了确保外圆的车削长度,通常先采用刻线痕法(图2.3.5),后采用测量法进行。即在车削前根据需要的长度,用钢直尺、样板、卡钳及刀尖在工件表面刻一条线痕,然后根据线痕进行车削。车削完毕后,再用钢直尺或其他量具复测。

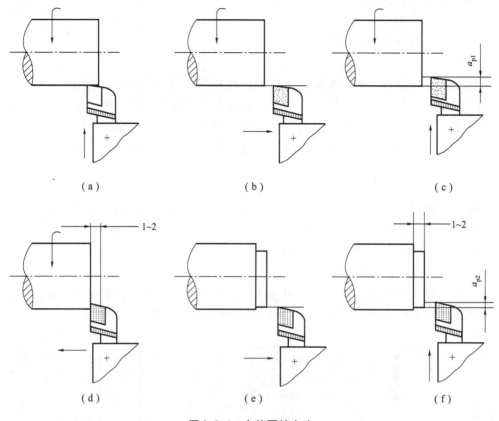

图 2.3.4 车外圆的方法

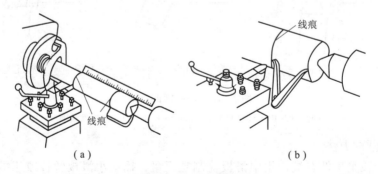

图 2.3.5 刻线痕
(a) 用钢直尺刻线痕；(b) 用卡钳刻线痕

3) 倒角

平面、外圆车削完毕后，移动刀架使车刀的刀刃与工件外圆呈 45°夹角，再移动床鞍至工件外圆和平面相交处进行倒角。45°倒角的简化注法的符号为 C。$C1$ 是指倒角在外圆上的轴长度为 1 mm。

(5) 刻度盘的计算和应用

在车削工件时，为了正确和迅速地掌握吃刀量，通常利用中滑板或小滑板和刻度盘进行操作，如图 2.3.6（a）所示。

中滑板的刻度盘装在横向进给的丝杠上,当摇动横向进给丝杠转一圈时,刻度盘也转了一圈,这时固定在中滑板上的螺母就带动中滑板、车刀移动一个导程。如果横向进给导程为 5 mm,刻度盘分 100 格,当摇动进给丝杠一周时,中滑板就移动 5 mm;当刻度盘转过一格时,中滑板移动量为 5 mm/100 = 0.05 mm。使用刻度盘时,由于螺杆和螺母之间的配合往往存在间隙,因此会产生空行程转动而滑板并未移动,如图 2.3.6 (b) 所示,所以,使用时要把刻线转到所需要的格数。当吃刀量过大时,必须向相反方向退回全部空行程,然后再转到需要的格数,如图 2.3.6 (c) 所示。但必须注意,中滑板刻度的吃刀量应是工件余量尺寸的 1/2。

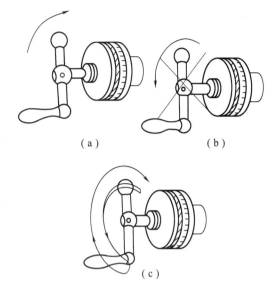

图 2.3.6 刻度盘的应用

(6) 实训图样

实训图样如图 2.3.7 所示。

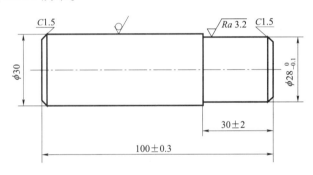

图 2.3.7 实训图样

实训步骤 (毛坯 $\phi 30 \times 101$) 如下。

① 用三爪单动卡盘夹住工件外圆长 45 mm 左右,并找正夹紧。

② 粗车平面及外圆 $\phi 28.3$ mm,长 29 mm(留精车余量)。

③ 精车平面及外圆 $\phi 28_{-0.1}^{0}$ mm,长 30 mm,并倒角 C1.5(工件另一端不车削)。

④ 检查质量合格后取下工件。

(7) 注意事项

1) 工件平面中留有凸头

产生的原因是刀尖没有对准,中心偏高或偏低。

2) 平面不平有凹凸

产生的原因是吃刀量过大、车刀磨损、滑板移动、刀架和车刀紧固力不足。

(8) 车外圆产生锥度的原因

① 用小滑板手动进给车外圆时,小滑板导轨与主轴中心线不平行。

② 车速过高,在切削过程中车刀磨损。

③摇动中滑板切削时，没有消除空行程。
④车削表面痕迹粗细不一，主要是手动进给不均匀。
⑤变换转速时，应先停车，否则容易打坏主轴箱内的齿轮。
⑥切削时，应先开车，后进刀。切削完毕时，先退刀，后停车，否则，车刀容易损坏。
⑦车铸铁毛坯时，由于表面氧化皮较硬，要求尽可能一刀车掉，否则，车刀容易磨损。
⑧手动进给车削时，应把有关进给手柄放在空挡位置。
⑨调头装夹工件时，最好垫铜片，以防夹坏工件。
⑩车削时，应检查滑板位置是否正确，工件装夹是否牢靠，卡盘、扳手柄是否取下。

2. 机动进给车台阶工件

在同一工件上，找几个直径大小不同的圆柱体像台阶一样连接在一起，称为台阶工件。台阶工件的车削，实际上就是外圆和平面车削的组合。故在车削时，必须兼顾外圆的尺寸精度和台阶长度的要求。

（1）台阶工件的技术要求

台阶工件通常与其他零件结合使用，因此，它的技术要求一般有以下几点。
①各挡外圆之间的同轴度。
②外圆和台阶平面的垂直度。
③台阶平面的平面度。
④外圆和台阶平面相交处的清角。

（2）车刀的选择和装夹车台阶工件

通常使用90°外圆偏刀，车刀的装夹应根据粗、精车和余量的多少来区别。如粗车时余量多，为了增加吃刀量，减小刀尖压力，车刀的装夹取主偏角小于90°为宜。精车时，为了保证台阶平面和轴心线垂直，应取主偏角大于90°。

（3）车台阶工件的方法

车台阶工件，一般分粗、精车进行。粗车时的台阶长度除第一挡台阶长度略短一些外，其余各挡可车至较长长度。精车台阶工件时，通常在机动进给精车外圆至靠近台阶处时，以手动进给代替机动进给。当车至平面时，再变纵向进给为横向进给，移动中滑板由里向外慢慢精车台阶平面，以确保台阶平面垂直于轴心线。

（4）台阶长度的测量和控制方法

车削前，根据台阶长度先用刀尖在工件表面刻线痕，然后按线痕进行粗车。当粗车完毕时，台阶长度基本符合要求。在精车外圆的同时，把台阶长度车准。通常用钢直尺检查。如果精度要求较高，可用样板、游标深度尺、卡板等测量，如图2.3.8所示。

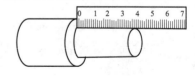

图2.3.8　样板测量方法

（5）工件的调头找正和车削

根据习惯的找正方法，应先找正卡爪处的工件外圆，后找正台阶处的反平面。这样反复多次找正后才能进行车削。当粗车完毕时，宜再进行一次复查，以防粗车时工件发生移位。

（6）游标卡尺的使用

游标卡尺的测量范围很广，可以测量工件外径、孔径、长度、深度及沟槽宽度等，如图2.3.9所示。

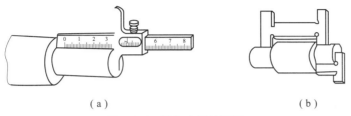

图 2.3.9 游标卡尺的测量

(a) 游标深度尺测量；(b) 卡板测量

(7) 实训图样

实训图样如图 2.3.10 所示。

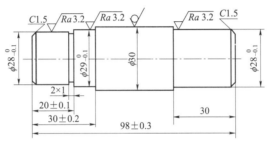

图 2.3.10 实训图样

(8) 实训步骤

①用三爪卡盘夹住毛坯外圆 $\phi30$，伸出毛坯一端长度在 45 mm 左右。

②粗车 $\phi28.2$ mm、长 29 mm 及 $\phi26.2$ mm、长 19 mm（留精车余量），并保证总长为 $(98±0.3)$ mm。

③精车 $\phi28_{-0.1}^{0}$ mm、$\phi29_{-0.1}^{0}$ mm、$\phi28_{-0.1}^{0}$ mm，长 $(20±0.1)$ mm、$(30±0.2)$ mm、$(98±0.3)$ mm。

④倒角 $C1.5$，锐边倒钝 $C0.5$。

⑤检查后卸下。

(9) 注意事项

①台阶平面和外圆相交处要清角，防止产生凹坑和出现小台阶。

②台阶平面出现凹凸，其原因可能是车刀没有从里到外横向切削或车刀装夹主偏角小于 90°，其次与刀架、车刀、滑板等发生移位有关。

③多台阶工件的长度测量，应从一个基准表面量起，以防累积误差。

④平面与外圆相交处出现较大圆弧，原因是刀尖圆弧较大或刀尖磨损。

⑤使用游标卡尺测量时，卡角应和测量面贴平，以防卡角歪斜，产生测量误差。

⑥使用游标卡尺测量时，松紧程度要适当。特别是用微调螺钉使卡角接近工件时，尤其要注意不能卡得太紧。

⑦车未停妥，不能使用游标卡尺测量工件。

⑧从工件上取下游标卡尺时，应把紧固螺钉拧紧，以防副尺移动，影响读数的正确性。

3. 简单刀具刃磨（90°车刀）

(1) 90°车刀及应用

车刀是应用最广的一种单刃刀具，也是学习、分析各类刀具的基础。车刀用于在各种车床上加工外圆、内孔、端面、螺纹、车槽等。

车刀按结构,可分为整体车刀、焊接车刀、机夹车刀、可转位车刀和成形车刀。其中可转位车刀的应用日益广泛,在车刀中所占比例逐渐增加。本部分主要讲解90°车刀。

1)90°车刀

车刀按进给方向,分为左偏刀和右偏刀,如图2.3.11所示。

2)90°硬质合金车刀及其特点

90°硬质合金车刀是根据对精车要求而刃磨的车削钢料用的典型硬质合金精车刀。90°车刀的刀尖角小于90°,所以刀尖强度和散热条件比45°车刀和75°车刀都差,但应用范围较广。

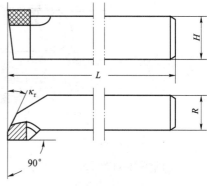

图 2.3.11　90°车刀

3)90°车刀的应用

右偏刀一般用来车削工件的外圆和右向台阶。因为其主偏角较大,车外圆时的背向力较小,所以不易使工件产生径向弯曲。左偏刀一般用来车削工件的外圆和左向台阶,也适用于车削直径较大且长度较短工件的端面。用右偏刀车削时,如果车刀由工件外缘向中心进给,则用副切削刃车削。当背吃刀量较大时,由于切削力的作用,会使车刀扎入工件而形成凹面,如图2.3.12所示。

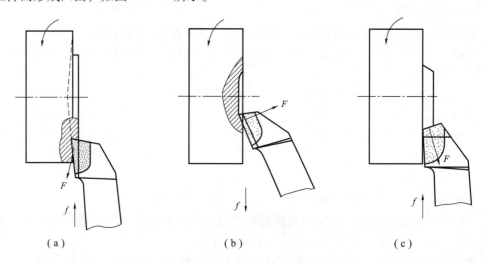

图 2.3.12　车刀扎入工件形成凹面

为防止产生凹面,可采用由中心向外缘进给的方法,利用主切削刃进行车削,但是,背吃刀量应小些。

(2)90°车刀的几何角度

1)车刀切削部分的几何要素

车刀由刀头(或刀片)和刀柄两部分组成。刀头担负切削工作,故又称为切削部分;刀头由若干刀面和切削刃组成。

①前面:刀具上切屑流过的表面称为前面,又称为前刀面。

②后面:分为主后面和副后面。与工件上过渡表面相对的刀面称为主后面;与工件

上已加工表面相对的刀面称为副后面。后面又称为后刀面,一般是指主后面。

③主切削刃:前面和主后面的交线称为主切削刃,它担负着主要的切削工作,与工件上过渡表面相切。

④副切削刃:前面和副后面的交线称为副切削刃,它配合主切削刃完成少量的切削工作。

⑤刀尖:主切削刃和副切削刃交会的一小段切削刃称为刀尖。为了提高刀尖强度和延长车刀寿命,将刀尖磨成圆弧形或直线形过渡刃。

⑥修光刃:副切削刃近刀尖处一小段平直的切削刃称为修光刃,它在切削时起修光已加工表面的作用。装刀时,必须使修光刃与进给方向平行,且修光刃长度必须大于进给量,才能起到修光作用。

不同车刀刀头的组成部分并不相同。例如,75°车刀由三个刀面、两条切削刃和一个刀尖组成;45°车刀却有四个刀面(其中副后面两个)、三条切削刃(其中副切削刃两条)和两个刀尖。此外,切削刃可以是直线,也可以是曲线,如车成形面的成形车刀就是曲线切削刃。

2) 确定车刀角度的辅助平面

为了确定和测量车刀的角度,需要假想以下三个辅助平面作为基准,即切削平面、基面和截面。对车削而言,如果不考虑车刀安装和切削运动的影响,切削平面可以认为是铅垂面;基面是水平面;当主切削刃水平时,垂直于主切削刃所作的剖面为主剖面,如图 2.3.13 所示。

3) 车刀的主要角度及其作用

车刀的主要角度有前角、后角、主偏角、副偏角和刃倾角,如图 2.3.14 所示。

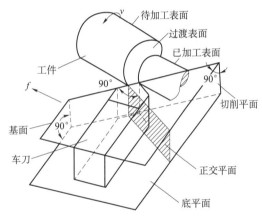

图 2.3.13 确定车刀角度的辅助平面

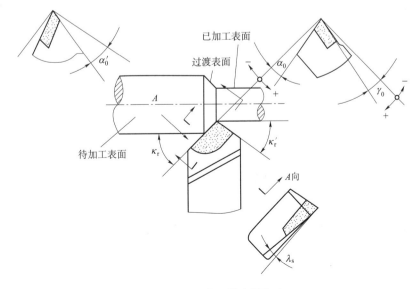

图 2.3.14 车刀的主要角度

①前角。前角在主剖面中测量,是前刀面与基面之间的夹角。其作用是使刀刃锋利,便于切削。但前角不能太大,否则,会削弱刀刃的强度,容易磨损甚至崩坏。加工塑性材料时,前角可选大些,如用硬质合金车刀切削钢件,可取前角10°~20°;加工脆性材料,车刀的前角应比粗加工时的大,以使刀刃锋利,使工件的粗糙度小。

②后角。后角在主剖面中测量,是主后面与切削平面之间的夹角。其作用是减小车削时主后面与工件的摩擦,一般取后角6°~12°。粗车时取小值,精车时取大值。

③主偏角。主偏角κ_r在基面中测量,它是主切削刃在基面的投影与进给方向的夹角。其作用是:

- 改变主切削刃参加切削的长度,影响刀具寿命。
- 影响径向切削力的大小。小的主偏角可增加主切削刃参加切削的长度,因而散热较好,对延长刀具使用寿命有利。但在加工细长轴时,工件刚度不足,小的主偏角会使刀具作用在工件上的径向力增大,易产生弯曲和振动,因此,主偏角应选大些。车刀常用的主偏角有45°、60°、75°和90°等几种,如图2.3.15所示。

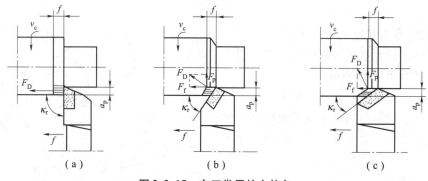

图2.3.15　车刀常用的主偏角
(a) $\kappa_r=90°$;(b) $\kappa_r=60°$;(c) $\kappa_r=30°$

④副偏角。副偏角在基面中测量,是副切削刃在基面上的投影与进给反方向的夹角。其主要作用是减小副切削刃与已加工表面之间的摩擦,以改善已加工表面的粗糙度,如图2.3.16所示。

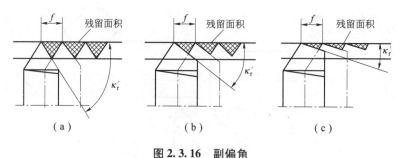

图2.3.16　副偏角
(a) $\kappa_r'=60°$;(b) $\kappa_r'=30°$;(c) $\kappa_r'=15°$

在切削深度、进给量、主偏角κ_r相等的条件下,减小副偏角。一般选取$\kappa_r'=5°$~15°。

可通过减小车削后的残留面积,来减小表面粗糙度。

⑤刃倾角。刃倾角在切削平面中测量,是主切削刃与基面的夹角。其作用主要是控

制切屑的流动方向。主切削刃与基面平行时,刃倾角为0°;刀尖处于主切削刃的最低点,刃倾角为负值时,刀尖强度增大,切屑流向已加工表面,用于粗加工;刀尖处于主切削刃的最高点时,刃倾角为正值,刀尖强度削弱,切屑流向待加工表面,用于精加工。车刀刃倾角一般为 $-5°\sim+5°$,如图2.3.17所示。

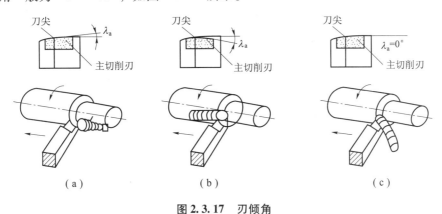

图 2.3.17 刃倾角

(a) 刃倾角为负值(用于粗加工);(b) 刃倾角为正值(用于精加工);(c) 刃倾角为零

(3) 刀具刃磨

车刀用钝后必须刃磨,以恢复其合理的标注角度和形状。车刀有机械刃磨和手工刃磨两种刃磨方法,手工刃磨车刀是车工的基本功之一。

高速钢车刀宜用白色氧化铝砂轮(白刚玉)刃磨,硬质合金刀片宜用绿色碳化硅砂轮刃磨。粗磨时,宜用小粒度号(如36或60)的砂轮;精磨时,选用较大粒度号(如80或120)的砂轮。

1) 车刀刃磨的步骤

车刀刃磨的一般顺序是:磨主后面→磨副后面→磨前刀面→磨刀尖圆弧。通过顺序刃磨车刀刀头的三个面,可获得车刀的各个标注角度。焊接式外圆车刀的刃磨方法如图2.3.18所示。首先粗磨,初步磨出各个角度。顺序为:按主偏角大小使刀体向左偏,按主后角大小使刀头向上翘,刃磨主后面,磨出主偏角和主后角[图2.3.18(a)];接着按副偏角大小使刀体向右偏,按副后角大小使刀头向上翘,刃磨副后面,磨出副偏角和副后角[图2.3.18(b)];再按前角大小使前刀面倾斜,按刃倾角大小使刀头向上翘或向下倾,刃磨前刀面,磨出前角和刃倾角[图2.3.18(c)]。

粗磨完毕后进行精磨,以减小各刀面和切削刃的表面粗糙度,并使几何角度符合要求。

精磨顺序为:首先磨前刀面,同时磨出卷屑槽(可用平行砂轮的棱边刃磨),修磨主、副后刀面;然后将刀尖上翘并左右摆动,磨出有后角的过渡刃[图2.3.18(d)];对硬质合金车刀,为提高其使用寿命,应将刀刃修磨出负倒棱[图2.3.18(e)];最后,为减小各刃和各刀面的粗糙度,要用加机油的油石贴平前、后刀面及刀尖处进行研磨,直至看不出磨削痕迹[图2.3.18(f)]。

2) 刃磨车刀的姿势及方法

①人站立在砂轮机的侧面,以防砂轮碎裂时,碎片飞出伤人。

②两手握刀的距离放开,两肘夹紧腰部,以减小磨刀时的抖动幅度。

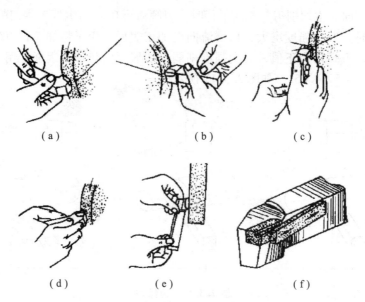

图 2.3.18　外圆车刀的刃磨方法
（a）刃磨主后面；（b）刃磨副后面；（c）刃磨前刀面；
（d）磨出过渡刃；（e）磨出负倒棱；（f）研磨各面

③磨刀时，车刀要放在砂轮的水平中心，刀尖略向上翘3°~8°，车刀接触砂轮后，应做左右方向水平移动。当车刀离开砂轮时，车刀需向上抬起，以防磨好的刀刃被砂轮碰伤。

④磨后刀面时，刀杆尾部向左偏过一个主偏角的角度；磨副后刀面时，刀杆尾部向右偏过一个副偏角的角度。

⑤修磨刀尖圆弧时，通常以左手握车刀前端为支点，用右手转动车刀的尾部。

(4) 砂轮

1) 砂轮的选用原则

①实训车间用来刃磨刀具的砂轮有两种：一种是碳化硅砂轮，其磨料硬度高，切削性能好，但比较脆，适于刃磨硬质合金等硬度较高的材料；另一种是氧化铝砂轮，其磨料韧性好，但硬度较低，适于刃磨高速钢、碳素钢等刀具材料。

②刃磨刀具所选用的砂轮，其磨料和硬度都应与刀具材料相适应。否则，不仅影响磨削效率，造成砂轮浪费，还会降低刀具的刃磨质量。例如，用氧化铝砂轮刃磨硬质合金刀具时，磨粒容易磨钝，并且被钝化的磨粒不易脱落，使砂轮切削能力和磨削效率降低，磨削热明显升高。若用碳化硅砂轮刃磨高速钢刀具，磨粒还没被磨钝就会脱落，造成砂轮浪费，易使砂轮表面失真，造成刃磨质量下降。

硬质合金焊接车刀必须先在氧化铝砂轮上粗磨刀头上的非硬质合金部分，并且要使其主、副后角大于硬质合金刀片部分的主、副后角。

③新砂轮须经检查和运转试验方可使用。刃磨车刀时，操作者不要站在砂轮的正面，以防磨屑飞入眼睛和万一砂轮破碎飞出而使操作者受伤。进行刃磨操作时，一手紧握刀体以稳定刀身，另一手握刀头以掌握角度，用力要均匀，防止车刀猛撞砂轮和打滑伤手。磨后刀面时，先使后刀面下部轻轻接触砂轮，然后全面靠平，否则会磨掉刀刃。磨完后，

应先将刀刃离开砂轮,以免碰坏刀刃。车刀要在砂轮上左右移动,不可停留在一个地方,以使砂轮磨耗均匀,不出沟槽。刃磨高速钢车刀前角是为了使刀刃锋利,切削省力,减少刀具前面与切屑的摩擦及切屑的变形。而断屑槽的作用是使切屑本身产生内应力,强迫切屑变形而折断。

2) 磨刀安全知识

①刃磨刀具前,应检查砂轮有无裂纹,砂轮轴螺母是否拧紧,并经试转后使用,以免砂轮碎裂或飞出伤人。

②刃磨刀具不能用力过大,否则,会使手打滑而触及砂轮面,造成工伤事故。

③磨刀时应戴防护眼镜,以免砂砾和铁屑飞入眼中。

④磨刀时不要正对砂轮的旋转方向站立,以防意外。

⑤磨小刀头时,必须把小刀头装入刀杆。

⑥砂轮支架与砂轮的间隙不得大于 3 mm,若发现过大,应调整适当。

(5) 实训图样

实训图样如图 2.3.19 所示。

(6) 实训步骤

外圆车刀刃磨的步骤如下:

①磨主后面,同时磨出主偏角及主后角。

②磨副后面,同时磨出副偏角及副后角。

③磨前刀面,同时磨出前角。

④修磨各刀面及刀尖。

(7) 容易产生的问题和注意事项

①刃磨刀具时,宜先用旧刀练习。

②断屑槽的宽度要磨均匀,防止将沟槽磨斜、磨得过深或过浅。

③防止将前角磨塌。

④由于车刀和砂轮接触时容易打滑,两手握稳车刀,刀杆靠于支架,使受磨面轻贴砂轮。切勿用力过猛,以免挤碎砂轮,造成事故。

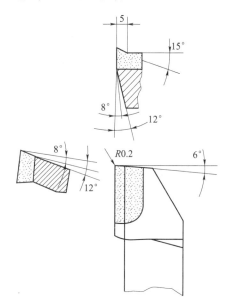

图 2.3.19 实训图样

⑤刃磨后,要正确地使用油石修整刀刃。

⑥刃磨时,应将刃磨的车刀在砂轮圆周面上左右移动,避免在砂轮两侧面用力粗磨车刀,以免砂轮受力偏摆、跳动,甚至破碎。

⑦刀头磨热时,即应沾水冷却,以免刀头因升温过高而退火软化。磨硬质合金车刀时,刀头不应沾水,避免刀片沾水急冷而产生裂纹。

⑧不要站在砂轮的正面刃磨车刀,以防砂轮破碎时使操作者受伤。

4. 钻中心孔

在车削过程中,需要多次装夹才能完成车削工作的轴类工件,如台阶轴、齿轮轴和丝杠等,一般先在工件两端钻中心孔,采用双顶尖装夹,确保工件定心准确和便于装卸。

(1) 中心孔的种类

中心孔按形状和作用可分为四种。A 型和 B 型为常用的中心孔,此外,还有 C 型中心孔和 R 型中心孔，其中，A 型、B 型和 C 型中心孔如图 2.3.20 所示。

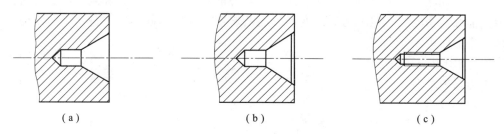

图 2.3.20　中心孔的种类
(a) A 型；(b) B 型；(c) C 型

（2）各类中心孔的作用

A 型中心孔由圆柱部分和圆锥部分组成，圆锥孔为 60°。一般适用于无须多次装夹或不保留中心孔的零件。

B 型中心孔是在 A 型中心孔的端部多一个 120°的圆锥孔，目的是保护 60°锥孔，不使其敲毛或碰伤。一般适用于多次装夹的零件。

C 型中心孔外端形状类似于 B 型中心孔，里端有一个比圆柱孔还要小的内螺纹，它用于工件之间的紧固连接。

R 型中心孔是将 A 型中心孔的圆锥母线改为圆弧线，以减小中心孔与顶尖的接触面积，减小摩擦力，提高定位精度。

这四种中心孔圆柱部分的作用是：储存油脂，保护顶尖，使顶尖与锥孔 60°配合贴切。其圆柱部分的直径即为选取中心钻的基本尺寸。

（3）中心钻

中心孔通常由中心钻钻出。常用的中心孔有 A 型和 B 型两种，如图 2.3.21 所示。制造中心钻的材料为高速钢。

（4）钻中心孔的方法

①中心钻在钻夹头上装夹。沿逆时针方向旋转钻夹头的外套，使钻夹头的三爪张开，把中心钻插入，然后用钻夹头扳手沿顺时针方向转动，钻夹头的外套把中心钻夹紧。

②钻夹头在尾座锥孔中装夹。先擦净钻夹头柄部和尾座锥孔，然后用轴向力把钻夹头装紧。

③找正尾座中心。工件装夹在卡盘上开车转动，移动尾座使中心钻接近工件平面，观察中心钻头是否与工件旋转中心一致，并找正，然后紧固尾座。

④转速的选择和钻削。由于中心孔直径小，钻削时应取较高的转速。进给量应小而均匀。当中心钻钻入工件时，加切削液，促使其钻削顺利、光洁。钻毕时，应使中心钻稍停留，然后退出，使中心孔光圆、准确。

（5）实训图样

实训图样如图 2.3.21 所示。

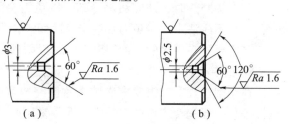

图 2.3.21　钻中心孔
(a) A 型中心孔；(b) B 型中心孔

（6）加工步骤

①用三爪自定心卡盘夹住外圆，伸出工件长 30 mm 左右并找正夹紧。

②车平面，钻中心孔。

③以车出的平面为基准，用卡钳或划针在工件上刻线痕取总长。

④以划线为基准，车总长至尺寸，并钻中心孔。

（7）容易产生的问题和注意事项

①中心钻易折断的原因：

- 工件平面留有小凸头，使中心钻偏斜。
- 中心钻未对准工件旋转中心。
- 移动尾座时不小心撞断。
- 转速太低，进给太大。
- 铁屑阻塞，中心钻磨损。

②中心孔钻偏或钻得不圆的原因：

- 工件弯曲未找正，使中心孔与外圆产生偏差。
- 紧固力不足，工件移位，造成中心孔不圆。
- 工件太长，旋转时，在离心力的作用下，易造成中心孔不圆。

③中心孔钻得太深，顶尖不能以 60°锥孔接触，影响加工质量。

④车端面时，车刀没有对准工件旋转中心，使刀尖碎裂。

⑤中心钻圆柱部分修磨后变短，造成顶尖和中心孔底部相碰，从而影响质量。

5. 车外圆、端面、台阶和钻中心孔的练习

①车削工件一般分为_____车削和_____车削。

②粗车削与精车削的区别是_____。

③正确装夹刀具的方法是_____。

④在车床上车削一个外圆和端面，用_____、_____刀具。

⑤切削时，应先_____，后_____。切削完毕时，先_____，后_____，否则车刀容易_____。

⑥在同一工件上，找几个直径不同的圆柱体，像台阶一样连接在一起，称为_____。

⑦游标卡尺的测量范围很广，可以测量工件_____、_____、_____、_____及_____等。

⑧在_____情况下，不能用游标卡尺测量工件。

⑨车削一个台阶轴的方法是_____。

⑩车刀按结构可分为_____刀、_____刀、_____刀、_____刀和_____刀。

⑪车刀的主要角度有_____。

⑫车刀常用的主偏角有_____。

⑬实训车间用来刃磨刀具的砂轮有两种：一种是_____砂轮，其磨料硬度高，切削性能好，但比较脆，适于刃磨_____等硬度较高的材料；另一种是_____砂轮，其磨料韧性好，但硬度较低，适于刃磨_____钢、_____钢等刀具材料。

⑭一夹一顶车削工件的优缺点是_____。

组织实施

任务分配表

项目	姓名（负责人）						扣分情况
安全规程收集	学习委员（由学习委员通知收集，各组组长配合，收齐各组资料交由学习委员）						
人员分组安排 总组长： 班长：	第一组（工位号） 组长： 组员：	第二组（工位号） 组长： 组员：	第三组（工位号） 组长： 组员：	第四组（工位号） 组长： 组员：	第五组（工位号） 组长： 组员：	第六组（工位号） 组长： 组员：	组长10分、组员5分
安全员安排	班长（出现问题，一次扣10分）						
卫生安排	生活委员及各组组长（厂房地面、机床、工具箱台面、教室卫生等。卫生打扫不到位，一次扣生活委员及组长10分，组员扣5分），有生活委员安排打扫卫生的组（轮换）						
机床设备使用登记本	由学习委员安排组长负责						
教学交接记录本	教师						
上交实习日记	学习委员						
护目镜发放，工作服巡视检查（每天不定时）	班长（班长负责护目镜发放，班长、副班长同时每天不定时检查工作服、帽、护目镜的穿戴情况，一次不合格者，扣10分）						
高度尺、卡尺、千分尺的发放（每天）	学习委员收发（每次实训完，要收回办公室并检查是否完好，出现问题由个人负责，扣10分）						
损坏保修	班长						
交学生日志卡	考勤班长						
视频播放	团支书（每天定时定点播放视频）						

续表

项目	姓名（负责人）	扣分情况
安全规程收集	学习委员（由学习委员通知收集，各组组长配合，收齐各组资料交由学习委员）	
安全考试安排	学习委员（主要是管理好纪律）	
发放和收集实习报告、填写老师和学生考勤日志卡	考勤班长和学习委员（做到认真负责）	
机床保养	班长及全班学生	

设备日常点检表

设备日常点检表									
普通机械加工中心设备日常点检表						日期		指导教师1	
学号：	姓名：		设备名称：			实训区域		指导教师2	
序号	点检内容 ○ 开动中 ● 停止		基准	方法	周期	设备型号			设备编号
^	^	^	^	^	^	检查日期			
1	清扫	●	机床顶部	无灰尘、油污	目视、触摸	班	第一天	第二天	第三天	第四天	第五天
2	^	●	移动工作台	无杂物、铁屑	目视、触摸	班					
3	^	●	机床底座、四周	无油污、杂物	目视、触摸	班					
4	^	●	电动机外表	无油污、杂物	目视、触摸	班					
5	加油	●	润滑油油标	油量达到2/3	目视	班	第一天	第二天	第三天	第四天	第五天
6	^	●	冷却润滑	冷却液充足	目视	班					
7	^	●	导轨润滑	移动进给灵活	目视、手拭	班					

续表

设备日常点检表									
普通机械加工中心设备日常点检表								日期	指导教师1
学号：		姓名：	设备名称：				实训区域	指导教师2	
序号	点检内容			基准	方法	周期	设备型号		设备编号
	○ 开动中 ● 停止						检查日期		
8	点检	○	齿轮箱	无变形、固定牢靠	目视	班			
9		○	各轴	运动正常	目视	班			
10		○	按钮和指示灯	无损坏、松动	手拭	班			
11		●	柜外表	无油污、灰尘	目视、触摸	班			
12		○	显示屏	程序运行正常	目视、触摸	班			
13		○	油管	无破损、无漏油	目视	班			
不正常时，通知相关维修人员并填写保修单	1. 点检人签名								
	2. 点检人签名								
	注：(1) 点检情况按颜色填入表格，良好"√"、故障"▲"；(2) 工作中，如设备发生故障，在相应格中打"×"标记；(3) 每天一小格。								

图纸

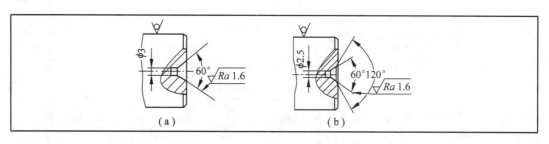

(a)　　　　　　(b)

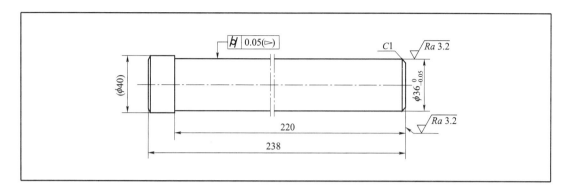

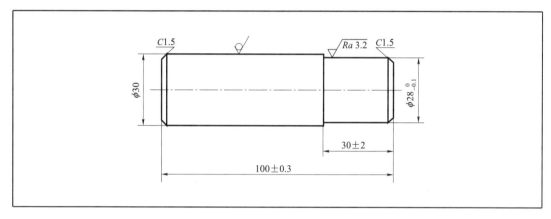

任务评价

填写评价表

工作任务评价表					
任务名称：		班级： 小组： 姓名：		指导教师： 日　　期：	
评价项目	评价标准	评价方式			小计
^	^	1. 护目镜、衣扣、袖口系紧；2. 量具使用完后放回量具盒；3. 机床、工具箱台面清理；4. 高度尺使用完后收回办公室；5. 机床设备使用登记本填写；6. 教室、厂房清理			权重	^
职业素养	1. 遵守实训规章制度 2. 严格执行"6S"管理 3. 遵守安全生产规定 4. 组织协作能力				0.3	

续表

工作任务评价表					
任务名称：		班级： 小组： 姓名：		指导教师： 日　期：	
评价项目	评价标准	评价方式		权重	小计
^	^	1. 护目镜、衣扣、袖口系紧；2. 量具使用完后放回量具盒；3. 机床、工具箱台面清理；4. 高度尺使用完后收回办公室；5. 机床设备使用登记本填写；6. 教室、厂房清理		^	^
专业能力	1. 理解装配要求并制订正确的装配工艺 2. 正确、合理选用工、量具 3. 操作准确、规范 4. 分析判断准确 5. 任务完成质量好			0.5	
创新能力	1. 任务过程中主动分析、解决问题 2. 合理组织任务实施			0.2	
合计					

学生姓名		总得分		检验			
学号		^		日期			
工件考核	项目	检测内容	配分	检测结果	得分	备注	
^	外观检测	有无划伤、磕碰、砸伤等	5				
^	行位检测	平行度、垂直度、平面度、对称度等	5				
^	尺寸检测		5				
^	^		5				
^	^		5				
^	^		10				
^	^		10				
^	^		10				
^	未列尺寸	每超差一处，扣1分					
^	工具箱摆放		3				
^	机床保养		2				
^	安全操作		5				
^	合计						

续表

学生姓名		总得分		检验			
学号				日期			
过程考核	项目	检测内容	配分	检测结果	得分	备注
	出勤	有无迟到、早退	5			
	态度	能否遵守规则制度	5			
	工作质量	对待工作是否认真	5			
	合作	与其他岗位合作情况	5			
	机床操作	对机床熟悉程度	5			
	管理	是否服从管理	5			
	任务	能否按时完成任务	5			
	合计					

严重违反安全操作规程，屡教不改或造成重大事故者，取消实训操作资格！
尺寸超差严重者，酌情从总分中扣除 20~30 分。

个人总结

2.4 切断和车槽

任务描述

①了解切断刀和车槽刀的种类和用途。
②了解切断刀和车槽刀的组成部分及其角度要求。
③掌握切断刀和车槽刀的刃磨方法。
④了解切断刀和车槽刀的角度。

任务要求

①掌握直进法和左右借刀法切断工件的操作。

②巩固切断刀的刃磨和修正方法。

③对于不同材料的工件，能选用不同角度的车刀进行切割，并要求切割面平直、光洁。

理论知识

1. 切断刀和车槽刀的刃磨

切断与车槽是车工的基本操作技能之一，能否掌握好，关键在于刀具的刃磨。因为切断刀和车槽刀的刃磨要比外圆刀的刃磨难度大一些。

直形车槽刀和切断刀的几何形状基本相似，刃磨方法也基本相同，只是刀头部分的宽度和长度有些区别，二者有时也通用。

（1）切断刀及应用

切断刀以横向进给为主，前端的切削刃是主切削刃，两侧的切削刃是副切削刃。为了减少工件材料的浪费，保证切断实心工件时能切到工件的中心，一般切断刀的主切削刃较窄，刀头较长，其刀头强度相对其他车刀较低，所以，在选择几何参数和切削用量时应特别注意。

1）高速钢切断刀

高速钢切断刀的形状和几何参数如图2.4.1所示。

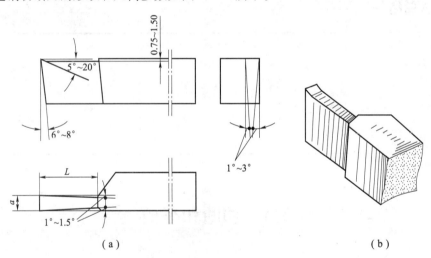

图 2.4.1 高速钢切断刀的形状和几何参数

为了使切削顺利，在切断刀的弧形前面上磨出卷屑槽，卷屑槽的长度应超过切入深度。但卷屑槽不可过深，一般槽深为 0.75～1.50 mm，否则，会削弱刀头强度。

在切断工件时，为了使带孔工件不留边缘，实心工件不留小凸头，可将切断刀的切削刃略磨斜些，如图 2.4.2 所示。

2）硬质合金切断刀及应用

如果硬质合金切断刀的主切削采用平直

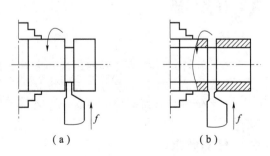

图 2.4.2 切断工件

（a）切断实心工件；（b）切断空心工件

刃，那么切断时的切屑和工件槽宽相等，切屑容易堵塞在槽内而不易排出。为了使排屑顺利，可把主切削刃两边倒角或磨成人字形，为了增加刀头的支撑刚度，常将切断刀的刀头下部做成凸圆弧形。高速切断时，会产生大量的热量，为了防止刀片脱焊，必须浇注充足的切削液，发现切削刃磨钝时，应及时刃磨。

3）弹性切断刀及应用

为了节省高速钢，切断刀可以做成片状，装夹在弹性刀柄上，如图2.4.3所示。弹性切断刀的优点是：当进给量过大时，弹性刀柄会因受力而产生变形，由于刀柄的弯曲中心在上面，所以刀头就会自动向后退让，从而避免了因扎刀而导致切断刀折断的现象。

4）反切刀及应用

切断直径较大的工件时，由于刀头较长，刚度很低，很容易产生振动，这时可以采用反向切断法，即工件反转，用反切刀切断，如图2.4.4所示。反向切断时，作用在工件上的切削力与工件重力方向一致，这样不容易产生振动；并且切屑向下排出，不容易在槽中堵塞。

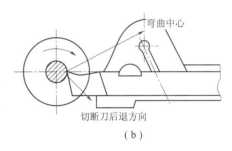

图 2.4.3　弹性切断刀

（a）实物图；（b）结构图

（2）车槽刀及应用

车一般外沟槽的车槽刀的形状和几何参数与切断刀的基本相同。车狭窄的外沟槽时，用主切削刃宽度与槽宽相等的车槽刀一次直进车出，如图2.4.5所示。车较宽的外沟槽时，可以用多次车槽的方法来完成，但必须在槽的两侧和槽的底部留出精车余量，最后根据槽的宽度和位置进行精车。

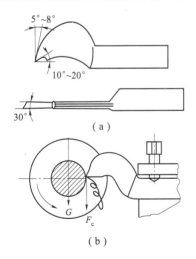

图 2.4.4　反切刀

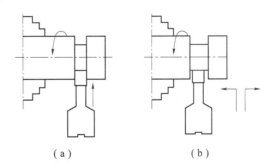

图 2.4.5　车外沟槽

1）车槽刀的几何角度（图2.4.1）

2）切断刀和车槽刀长度及宽度的选择

①切断刀刀头宽度的经验计算公式是

$$a \approx (0.5 \sim 0.6)D$$

式中，a 为主刀刃宽度，mm；D 为被切断工件的直径，mm。

②刀头部分的长度 L。

切断实心材料时，$L = 1/2D + 2 \sim 3$ mm。

切断空心材料时，$L = $ 被切工件壁厚 $+ 2 \sim 3$ mm。

车槽刀的长度 L 为槽深 $+ 2 \sim 3$ mm。刀宽根据需要刃磨。

③切断刀和车槽刀的刃磨方法。

刃磨左侧副后面：两手握刀，车刀前面向上 [图 2.4.6（a）]，同时磨出左侧副后角和副偏角。

刃磨右侧副后面：两手握刀，车刀前面向上 [图 2.4.6（b）]，同时磨出右侧副后角和副偏角。

刃磨主后面 [图 2.4.6（c）]，同时磨出主后角。

刃磨前面和前角，车刀前面对着砂轮磨削表面 [图 2.4.6（d）]。

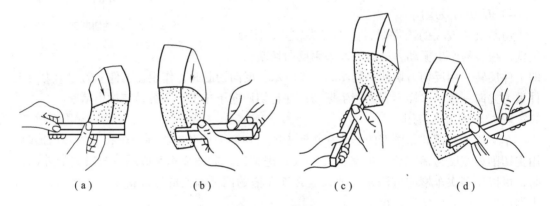

图 2.4.6　刃磨方法

(a) 刃磨左侧副后面；(b) 刃磨右侧副后面；(c) 刃磨主后面；(d) 刃磨前面和前角

(3) 实训图样

实训图样如图 2.4.7 所示。

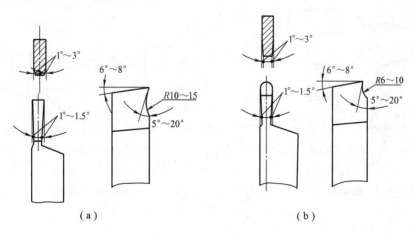

图 2.4.7　实训图样

(4) 实训步骤

①粗磨前面、两侧副后面及主后面,使刀头基本成形。

②精磨前面和前角。

③精磨副后面和主后面。

④修磨刀尖。

(5) 容易产生的问题和注意事项

①切断刀的卷屑槽不宜磨得太深,一般为 0.75～1.50 mm,如图 2.4.8 (a) 所示。卷屑槽刃磨太深,其刀头强度差,容易折断,如图 2.4.8 (b) 所示。更不能把前面磨低或磨成台阶形,如图 2.4.8 (c) 所示。这种刀切削不顺利,排屑困难,切削负荷大增,刀头容易折断。

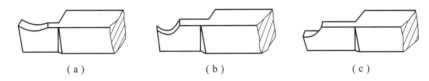

图 2.4.8　切断刀的卷屑槽

(a) 卷屑槽刃磨正确;(b) 卷屑槽刃磨太深;(c) 卷屑槽磨成台阶形

②刃磨切断刀和车槽刀的两侧副后角时,应以车刀的底面为基准,用钢直尺或 90°角尺检查,如图 2.4.9 (a) 所示。图 2.4.9 (b) 中副后角一侧有负值,切断时要与工件侧面摩擦。图 2.4.9 (c) 中两侧副后角的角度太大,刀头强度变差,切削时容易折断。

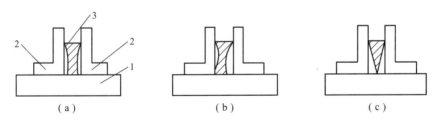

1—平板;2—角尺;3—切断刀。

图 2.4.9　用角尺检查切断刀副后角

(a) 正确;(b) (c) 错误

③刃磨切断刀和车槽刀的副偏角时,要防止下列情况发生:如图 2.4.10 (a) 所示,副偏角太大,刀头强度变差,容易折断;如图 2.4.10 (b) 所示,副偏角为负值,不能用直进法切削;如图 2.4.10 (c) 所示,副刀刃不平直,不能用直进法切削;如图 2.4.10 (d) 所示,车刀左侧磨去太多,不能切削有高台阶的工件。

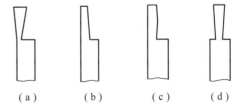

图 2.4.10　副偏角产生的几种情况

(a) 副偏角太大;(b) 副偏角为负值;
(c) 副刀刃不平直;(d) 车刀左侧磨去太多

④高速钢车刀刃磨时,应随时冷却,以防退火。硬质合金刀刃磨时,不能在水中冷却,以防刀片碎裂。

⑤硬质合金车刀刃磨时，不能用力过猛，以防刀片烧结处产生高热脱焊，使刀片脱落。

⑥刃磨切断刀和槽刀时，通常左侧副后面磨出即可，刀宽的余量应放在车刀右侧磨去。

⑦主刀刃与两侧副刀刃之间应对称和平直。

⑧在刃磨切断刀副刀刃时，刀侧与砂轮表面的接触点应放在砂轮的边缘处，仔细观察和修整副刀刃的直线度。

⑨建议选用练习刀刃磨，经检查符合要求后，再刃磨正式车刀。

⑩小圆头车刀的刃磨和直形槽刀相似，只是在刃磨主刀刃圆弧时有区别。其刃磨圆头的方法是：以左手握车刀前端为支点，用右手转动车刀尾端，如图2.4.11所示。

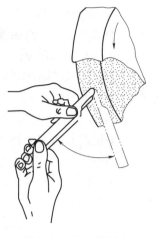

图2.4.11 刃磨圆头

2. 切断

（1）切断刀的种类

①高速钢切断刀［图2.4.12（a）］。刀头与刀杆为同一材料锻造而成，每当切断刀损坏后，可以经过锻打后再使用，因此比较经济，是目前使用较为广泛的一种。

②硬质合金切断刀［图2.4.12（b）］。刀头用硬质合金焊接而成，它适用于高速切削。

③弹性切断刀［图2.4.12（c）］。为了节省高速钢，切断刀做成片状，再装夹在弹簧刀杆内。这种切断刀既节省材料，又富有弹性。当进刀过多时，刀头在弹性刀杆的作用下会自动让刀，这样就不容易产生扎刀而折断刀头。

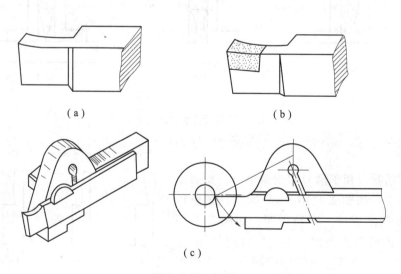

图2.4.12 切断刀

(a) 高速钢切断刀；(b) 硬质合金切断刀；(c) 弹性切断刀

（2）切断刀的装夹

切断刀装夹是否正确，直接关系着切断工件能否顺利进行、切断的工件平面是否平直，所以对切断刀的装夹要求较严。

①切断实心工件时,切断刀的主刀刃必须严格对准工件旋转中心,刀头中心线与轴心线垂直。

②为了增强切断刀的刚性,刀杆不宜伸出过长,以防振动。

(3) 切断方法

①用直进法切断工件。所谓直进法,是指垂直于工件轴线方向进给切断[图 2.4.13 (a)]。这种方法切断效率高,但对车床、切断刀的刃磨、装夹都有较高的要求,否则容易造成刀头折断。

②左右借刀法切断工件。在切削系统刚性不足的情况下,可采用左右借刀法切断工件[图 2.4.13 (b)]。这种方法是指切断刀在轴线方向反复地往返移动,同时,两侧径向进给,直至工件切断。

(4) 反切法切断工件

反切法是指工件反转,车刀反向装夹,如图 2.4.13 (c) 所示。这种切断方法适用于较大直径的工件。其优点如下:

①反转切削时,作用在工件上的切削力与主轴重力方向一致,因此主轴不容易产生上下跳动,切断工件比较平稳。

②切屑从下面流出,不会堵塞在切割槽中,因而能比较顺利地切削。但必须指出的是,在采用反切法时,卡盘与主轴的连接部分必须有保险装置,否则,卡盘会因倒车而脱离主轴,产生事故。

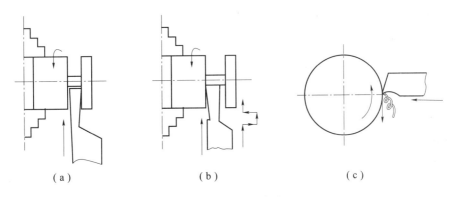

图 2.4.13 切断方法
(a) 直进法;(b) 左右借刀法;(c) 反切法

(5) 实训图样

实训图样如图 2.4.14 所示。

(6) 实训步骤

①夹住外圆,车 φ28 mm 至尺寸要求。

②切割厚度 (3±0.2) mm。

(7) 容易产生的问题和注意事项

①被切断工件的平面产生凹凸的原因如下。

a. 切断刀两侧的刀尖刃磨或磨损不一致,造成让刀,因而使工件平面产生凹凸。

b. 窄切断刀的主刀刃与轴心线有较大的夹角,左侧刀尖有磨损现象,进给时,在侧向切削力的作用下,刀头易产生偏斜,造成工件平面内凹,如图 2.4.15 所示。

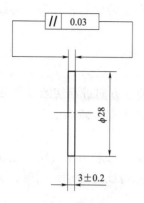
图 2.4.14 实训图样

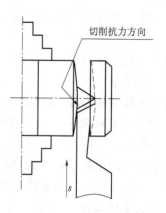
图 2.4.15 工件平面内凹

  c. 主轴轴向窜动。
  d. 车刀安装歪斜或副刀刃没有磨直等。
 ②切断时产生振动的原因如下。
  a. 主轴和轴承间隙太大。
  b. 切断的棒料太长，在离心力的作用下产生振动。
  c. 切断刀远离工件支撑点。
  d. 工件细长，切断刀刃口太宽。
  e. 切断时转速过高，进给量较小。
  f. 切断刀伸出过长。
 ③切断刀折断的主要原因如下。
  a. 工件装夹不牢靠，切割点远离卡盘，在切削力的作用下，工件抬起，造成刀头折断。
  b. 切断时排屑不良，铁屑堵塞，造成刀头载荷增大，使刀头折断。
  c. 切断刀的副偏角和副后角磨得太大，削弱了刀头强度，使刀头折断。
  d. 切断刀装夹与工件轴心线不垂直，主刀刃与轴线不等高。
  e. 进给量过大，切断刀前角过大。
  f. 床鞍与中、小滑板松动，切削时产生扎刀，致使切断刀折断。
 ④切断前应调整中、小滑板的松紧，一般宜紧一些。
 ⑤用高速钢刀切断工件时，应浇注切削液，这样可延长切断刀的使用寿命；用硬质合金刀切断工件时，中途不准停车，否则，刀刃容易碎裂。
 ⑥一夹一顶或两顶尖安装工件时，不能直接把工件切断，以防切断时工件飞出伤人。
 ⑦用左、右借刀法切断工件时，借刀速度应均匀，借刀距离要一致。

3. 切断与切槽练习

 ①高速钢切断刀的角是_____，角度分别为_____。
 ②在切槽时，机床的转速为_____。
 ③要切断一个工件时，避免扎刀现象的方法为_____。
 ④被切断工件的平面产生凹凸的原因是_____。
 ⑤切断刀折断的主要原因是_____。

随笔小结

组织实施

任务分配表

项目	姓名（负责人）							扣分情况
安全规程收集	学习委员（由学习委员通知收集，各组组长配合，收齐各组资料交由学习委员）							
人员分组安排 总组长： 班长：	第一组（工位号） 组长： 组员：	第二组（工位号） 组长： 组员：	第三组（工位号） 组长： 组员：	第四组（工位号） 组长： 组员：	第五组（工位号） 组长： 组员：	第六组（工位号） 组长： 组员：		组长10分、组员5分
安全员安排	班长（出现问题，一次扣10分）							
卫生安排	生活委员及各组组长（厂房地面、机床、工具箱台面、教室卫生等。卫生打扫不到位，一次扣生活委员及组长10分，组员扣5分），有生活委员安排打扫卫生的组（轮换）							
机床设备使用登记本	由学习委员安排组长负责							
教学交接记录本	教师							
上交实习日记	学习委员							
护目镜发放，工作服巡视检查（每天不定时）	班长（班长负责护目镜发放，班长、副班长同时每天不定时检查工作服、帽、护目镜的穿戴情况，一次不合格者，扣10分）							

项目	姓名（负责人）	扣分情况
安全规程收集	学习委员（由学习委员通知收集，各组组长配合，收齐各组资料交由学习委员）	
高度尺、卡尺、千分尺的发放（每天）	学习委员收发（每次实训完，要收回办公室并检查是否完好，出现问题由个人负责，扣10分）	
损坏保修	班长	
交学生日志卡	考勤班长	
视频播放	团支书（每天定时定点播放视频）	
安全考试安排	学习委员（主要是管理好纪律）	
发放和收集实习报告、填写老师和学生考勤日志卡	考勤班长和学习委员（做到认真负责）	
机床保养	班长及全班学生	

设备日常点检表

设备日常点检表							
普通机械加工中心设备日常点检表						日期	指导教师1
学号：	姓名：		设备名称：		实训区域		指导教师2
序号	点检内容			基准	方法	周期	设备型号	设备编号
	○ 开动中 ● 停止						检查日期	
1	清扫	●	机床顶部	无灰尘、油污	目视、触摸	班	第一天	第二天	第三天	第四天	第五天
2		●	移动工作台	无杂物、铁屑	目视、触摸	班					
3		●	机床底座、四周	无油污、杂物	目视、触摸	班					
4		●	电动机外表	无油污、杂物	目视、触摸	班					

续表

设备日常点检表											
普通机械加工中心设备日常点检表						日期		指导教师1			
学号:		姓名:	设备名称:				实训区域		指导教师2			
序号	点检内容 ○ 开动中 ● 停止		基准	方法	周期	设备型号		设备编号			
^	^	^	^	^	^	检查日期					
5	加油	●	润滑油油标	油量达到2/3	目视	班	第一天	第二天	第三天	第四天	第五天
6	^	●	冷却润滑	冷却液充足	目视	班					
7	^	●	导轨润滑	移动进给灵活	目视、手拭	班					
8	点检	○	齿轮箱	无变形、固定牢靠	目视	班					
9	^	○	各轴	运动正常	目视	班					
10	^	○	按钮和指示灯	无损坏、松动	手拭	班					
11	^	●	柜外表	无油污、灰尘	目视、触摸	班					
12	^	○	显示屏	程序运行正常	目视、触摸	班					
13	^	○	油管	无破损、无漏油	目视	班					
不正常时,通知相关维修人员并填写保修单	1. 点检人签名										
^	2. 点检人签名										
^	注:(1)点检情况按颜色填入表格,良好"√"、故障"▲";(2)工作中,如设备发生故障,在相应格中打"×"标记;(3)每天一小格。										

📋 图纸

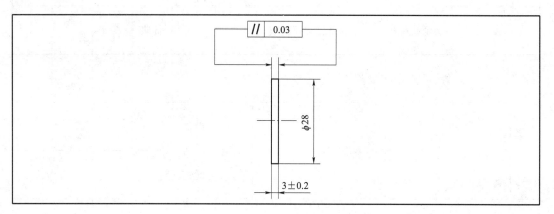

📋 任务评价

填写评价表

工作任务评价表

任务名称:		班级: 小组: 姓名:	指导教师: 日　　期:	
评价项目	评价标准	评价方式	权重	小计
		1. 护目镜、衣扣、袖口系紧；2. 量具使用完后放回量具盒；3. 机床、工具箱台面清理；4. 高度尺使用完后收回办公室；5. 机床设备使用登记本填写；6. 教室、厂房清理		
职业素养	1. 遵守实训规章制度 2. 严格执行"6S"管理 3. 遵守安全生产规定 4. 组织协作能力		0.3	
专业能力	1. 理解装配要求并制订正确的装配工艺 2. 正确、合理选用工、量具 3. 操作准确、规范 4. 分析判断准确 5. 任务完成质量好		0.5	
创新能力	1. 任务过程中主动分析、解决问题 2. 合理组织任务实施		0.2	
合计				

第 3 章 铣 工

3.1 铣工入门知识

任务描述

根据任务要求熟练掌握铣床基本操作方法与使用注意事项。

任务要求

①了解铣床构造及主要部件的名称与功用。
②学习铣床主轴的运转练习操作。
③学习手动进给练习（刻度盘）。
④学习工作台机动进给练习。
⑤了解铣床操作练习时的注意事项。

理论知识

X62W（或 X6132）是目前应用最广泛的一种卧式万能升降台式铣床。其主要特点是转速高、功率大、刚性好、操作方便、灵活、通用性好。它可以安装万能立铣头，使铣刀回转任意角度，完成立式铣床的工作。机床本身有良好的安全装置，手动和机动进给有互锁机构，主轴能有效地制动。

X62W（或 X6132）型铣床各字母的含义：

①1957 年的型号编制为 X62W。X—铣床；6—卧铣；2—2 号工作台（工作台台面宽 320 mm）；W—万能升降台式铣床。

②1976 年后 X62W 新编制为 X6132。X—铣床；6—卧铣；1—万能升降台式铣床；32—工作台参数（工作台台面宽 320 mm）。

1. 主要部件、名称、功用

铣床如图 3.1.1 所示。

①床身，是铣床的主体，用来固定和支持其他部件（包括主轴支撑工作台）。
②横梁，用来安装挂架、支持铣刀长刀轴外端。
③主轴，是空心轴，前端拥有 7∶24 的圆锥孔，用来安装刀轴和铣刀，带动铣刀旋转切削工件。

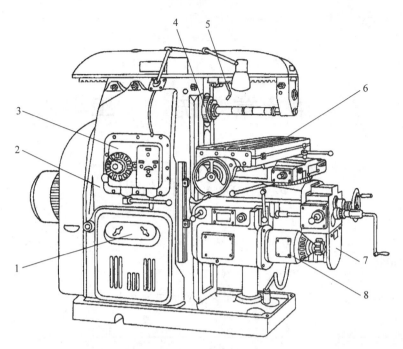

1—机床电器部分；2—床身部分；3—变速操纵部分；4—主轴及传动部分；
5—冷却部分；6—工作台部分；7—升降台部分；8—进给变速部分。

图 3.1.1　铣床

④纵向工作台，用来带动工件做纵向运动。上面有三条T形槽，其中，中央T形槽，又是安装夹具、附件或工件的基准。工作台前面有一条T形槽，用来安装固定自动进给停止挡铁。

⑤横向工作台，用来带动纵向工作台进行横向进给运动，通过回转盘与纵向工作台连接、转动回转盘，可使工作台自由回转45°。回转台的作用是铣削斜面和螺旋线零件。

⑥升降台，用来支撑工作台，带动工作台做垂直进给运动。升降台的后部有燕尾形导轨，与床身垂直导轨相连。升降台的顶部有矩形导轨，与鞍座导轨相连。

⑦主轴变速机构，用来调整和变换主轴转速，可使主轴获得 30～1 500 r/min 的18种不同转速。

⑧进给变速机构，用来调整和变换工作台的进给速度，可使工作台获得 235～1 180 mm/min 的18种不同进给速度。

⑨底座，用来支撑床身，承受铣床全部质量，盛放切削液。

X62W（或 X6132）机床的主要技术规格见表 3.1.1。

表 3.1.1　X62W（或 X6132）机床的主要技术规格

X62W	X6132
工作台工作面积 320 mm×1 250 mm	工作台工作面积 320 mm×1 250 mm
工作台最大行程：	工作台最大行程：
纵向（手动/机动）700 mm/680 mm	纵向（手动/机动）700 mm/680 mm
横向（手动/机动）260 mm/240 mm	横向（手动/机动）260 mm/240 mm

续表

X62W	X6132
纵向（垂直）（手动/机动）320 mm/300 mm	纵向（垂直）（手动/机动）320 mm/300 mm
工作台最大回转角度 ±45°	工作台最大回转角度 ±45°
主轴锥孔锥度 7∶24	主轴锥孔锥度 7∶24
主轴中心线至工作台面间的距离：	主轴中心线至工作台面间的距离：
最大 350 mm	最大 350 mm
最小 30 mm	最小 30 mm
主轴中心线至横梁间的距离 155 mm	主轴中心线至横梁间的距离 155 mm
床身垂直导轨线至工作台中心的距离：	床身垂直导轨线至工作台中心的距离：
最大 470 mm	最大 470 mm
最小 215 mm	最小 215 mm
主轴转速 18 级 30～1 500 r/min	主轴转速 18 级 30～1 500 r/min
工作台纵向、横向进给量 18 级 23.5～1 180 mm/min	工作台纵向、横向进给量 18 级 23.5～1 180 mm/min
工作台升降进给量 18 级 8～400 mm/min	工作台升降进给量 18 级 8～400 mm/min
工作台纵向、横向快速移动速度 2 300 mm/min	工作台纵向、横向快速移动速度 2 300 mm/min
工作台升降快速移动速度 770 mm/min	工作台升降快速移动速度 770 mm/min
主轴电动机功率×转速 7 kW×1 450 r/min	主轴电动机功率×转速 7 kW×1 450 r/min
进给电动机功率×转速 1.5 kW×1 410 r/min	进给电动机功率×转速 1.5 kW×1 410 r/min
最大载重量 500 kg	最大载重量 500 kg
机床工作精度：	机床工作精度：
加工表面不平度 0.02/150 mm	加工表面不平度 0.02/150 mm
加工表面不平行度 0.02/150 mm	加工表面不平行度 0.02/150 mm
加工表面不垂直度 0.02/150 mm	加工表面不垂直度 0.02/150 mm

2. 操作实践

（1）手动练习

①在教师指导下检查机床。

②对铣床注油润滑。

③做手动进给练习。

④做机动进给练习，使工作台在纵向、横向、垂直方向分别移动。

⑤学会消除工作台丝杠和螺纹间的传动间隙及对移动尺寸的影响。

⑥每分钟均匀地手动进给 30 mm、60 mm、95 mm。

（2）铣床的主轴空运转练习

①将电源开关转至"开"。

②练习变换主轴转速 1~3 次（控制在低速）。
③按"启动"按钮，使主轴旋转 1 min。
④检查油泵是否甩油。
⑤停止主轴旋转，重复练习。
(3) 工作台机动进给操作练习
①检查各进给方向紧固手柄是否松开。
②检查各进给方向机动进给停止挡板是否在限位柱范围内。
③使工作台在各进给方向处于中间位置。
④变换进给速度（控制在低速）。

组织实施

任务分配表 1

项目	姓名（负责人）						扣分情况
安全规程收集	学习委员（由学习委员通知收集，各组组长配合，收齐各组资料交由学习委员）						
人员分组安排 总组长： 班长：	第一组（工位号） 组长： 组员：	第二组（工位号） 组长： 组员：	第三组（工位号） 组长： 组员：	第四组（工位号） 组长： 组员：	第五组（工位号） 组长： 组员：	第六组（工位号） 组长： 组员：	组长 10 分、组员 5 分
安全员安排	班长（出现问题，一次扣 10 分）						
卫生安排	生活委员及各组组长（厂房地面、机床、工具箱台面、教室卫生等。卫生打扫不到位，一次扣生活委员及组长 10 分，组员扣 5 分），有生活委员安排打扫卫生的组（轮换）						
机床设备使用登记本	由学习委员安排组长负责						
教学交接记录本	教师						
上交实习日记	学习委员						
护目镜发放，工作服巡视检查（每天不定时）	班长（班长负责护目镜发放，班长、副班长同时每天不定时检查工作服、帽、护目镜的穿戴情况，一次不合格者，扣 10 分）						

续表

项目	姓名（负责人）	扣分情况
安全规程收集	学习委员（由学习委员通知收集，各组组长配合，收齐各组资料交由学习委员）	
高度尺、卡尺、千分尺的发放（每天）	学习委员收发（每次实训完，要收回办公室并检查是否完好，出现问题由个人负责，扣10分）	
损坏保修	班长	
交学生日志卡	考勤班长	
视频播放	团支书（每天定时定点播放视频）	
安全考试安排	学习委员（主要是管理好纪律）	
发放和收集实习报告、填写老师和学生考勤日志卡	考勤班长和学习委员（做到认真负责）	
机床保养	班长及全班学生	

设备日常点检表

设备日常点检表										
普通机械加工中心设备日常点检表						日期		指导教师1		
学号：		姓名：	设备名称：			实训区域		指导教师2		
序号	点检内容 ○ 开动中 ● 停止		基准	方法	周期	设备型号			设备编号	
						检查日期				
						第一天	第二天	第三天	第四天	第五天
1	清扫	●	机床顶部	无灰尘、油污	目视、触摸	班				
2		●	移动工作台	无杂物、铁屑	目视、触摸	班				
3		●	机床底座、四周	无油污、杂物	目视、触摸	班				
4		●	电动机外表	无油污、杂物	目视、触摸	班				

续表

设备日常点检表									
普通机械加工中心设备日常点检表						日期		指导教师1	
学号：		姓名：		设备名称：			实训区域		指导教师2	
序号	点检内容 ○ 开动中 ● 停止		基准	方法	周期	设备型号			设备编号
^	^		^	^	^	检查日期			
5	加油	●	润滑油油标	油量达到2/3	目视	班	第一天	第二天	第三天	第四天	第五天
6	^	●	冷却润滑	冷却液充足	目视	班					
7	^	●	导轨润滑	移动进给灵活	目视、手拭	班					
8	点检	○	齿轮箱	无变形、固定牢靠	目视	班					
9	^	○	各轴	运动正常	目视	班					
10	^	○	按钮和指示灯	无损坏、松动	手拭	班					
11	^	●	柜外表	无油污、灰尘	目视、触摸	班					
12	^	○	显示屏	程序运行正常	目视、触摸	班					
13	^	○	油管	无破损、无漏油	目视	班					
不正常时，通知相关维修人员并填写保修单	1. 点检人签名								
^	2. 点检人签名								
^	注：（1）点检情况按颜色填入表格，良好"√"、故障"▲"；（2）工作中，如设备发生故障，在相应格中打"×"标记；（3）每天一小格。								

任务评价

填写评价表

工作任务评价表					
任务名称：		班级： 小组： 姓名：		指导教师： 日　　期：	
评价项目	评价标准	评价方式		权重	小计
		1. 护目镜、衣扣、袖口系紧；2. 量具使用完后放回量具盒；3. 机床、工具箱台面清理；4. 高度尺使用完后收回办公室；5. 机床设备使用登记本填写；6. 教室、厂房清理			
职业素养	1. 遵守实训规章制度 2. 严格执行"6S"管理 3. 遵守安全生产规定 4. 组织协作能力			0.3	
专业能力	1. 理解装配要求并制订正确的装配工艺 2. 正确、合理选用工、量具 3. 操作准确、规范 4. 分析判断准确 5. 任务完成质量好			0.5	
创新能力	1. 任务过程中主动分析、解决问题 2. 合理组织任务实施			0.2	
合计					

3.2　铣　平　面

任务描述

根据任务要求熟练掌握铣平面的基本操作方法与注意事项。

任务要求

①了解铣平面所选用的刀具及切削用量。
②清楚顺铣和逆铣的区别并能熟练地使用顺铣和逆铣。
③熟练选择铣刀的切削用量。
④掌握平面的铣削加工方法并能自主加工出平面。
⑤了解斜面的相关知识,掌握斜面的铣削加工并能熟练地加工出斜平面。

理论知识

1. 平面

平面就是各个方向都呈直线的面。铣削平面是铣工常见的工作内容之一。铣削平面时,可以在卧式铣床上用圆柱铣刀铣削;也可以在卧式铣床上安装端铣刀铣削;还可以在立式铣床上安装端铣刀铣削,如图3.2.1所示。

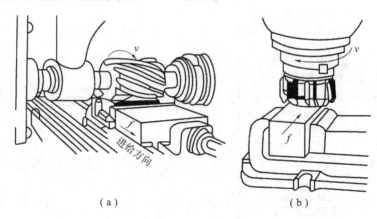

图 3.2.1 铣削平面
(a) 卧式铣床上用圆柱铣刀铣削平面;(b) 立式铣床上用端铣刀铣削平面

2. 铣刀的选择与安装

通常可以选择圆柱螺旋铣刀、高速钢端铣刀、锥柄立铣刀。最常用的是高速钢端铣刀。

①圆柱螺旋刀、三面刃铣刀、角度铣刀、锯片铣刀、齿轮铣刀的内孔直径有 32 mm、27 mm、22 mm、16 mm 几种。

②锥柄立铣刀的轴柄分别是英氏 1、2、3、4 锥号,所以必须安装在英氏 1、2、3、4 号锥的锥套内才能与主轴锥孔配合。

③硬质合金高速钢端铣刀安装在机械加固式端铣刀刀盘上使用。

3. 平口钳的安装与校正

①直接安装:前提是平口钳下面的定位键必须安装好,松开上部的压紧螺帽,对正上下零线,再旋紧压紧螺帽即可。

②用平面百分表校正钳口:将百分表置于机床的立导轨上,表头接触平口钳的固定钳口,平口钳纵向或者横向移动,使钳口平行或者垂直于某个方向。

4. 平面铣削加工过程

① 读图分析，检查毛坯，确定加工次数（粗加工、精加工）。

② 选刀，检查设备，调整切削用量。

③ 选择、安装、校正夹具，装刀，装工件，选择较大、较平整的面作为装夹基准面，且装夹时工件应夹紧、敲实。对于大型工件，要用压板安装。

④ 开车对刀：以工件最高点对刀。把主轴旋转起来，调整纵向与升降工作台，使刀尖轻轻划上工件表面，退出工件，上升工作台，调整切削深度。

⑤ 启动自动走刀电动机，纵向打"自动"挡，铣完整个平面（走刀是铣削加工过程）。

⑥ 工作台下降，快速退回纵向工作台。

⑦ 测量：检查所剩余量，决定下一刀的吃刀深度。

⑧ 将所剩余量逐步加工到工艺要求的尺寸后降下工作台，退出工件。

⑨ 停止主轴旋转，退回工作台，卸下工件。

⑩ 打扫卫生：

a. 用小毛刷清扫机床上各个部位的切屑。

b. 用抹布擦拭机床，并加油。

c. 打扫场地卫生。

d. 打扫完毕后，通知老师检查。

温馨提示：

① 铣削前，先检查刀盘、铣刀头、工件装夹是否牢固，铣刀头的安装位置是否正确。

② 铣刀旋转后，应检查铣刀的装夹方向、旋转方向是否正确。

③ 调整切削深度时，应开车对刀并且刀尖应在工件正上方。

④ 进给过程中，不允许停止主轴旋转和工作台自动进给，遇到问题时，应先降落工作台，再停止主轴旋转和工作台自动进给，或先停止进给几秒钟后再停主轴。

⑤ 进给过程中，不允许测量工件和用手摸工件。

⑥ 不能两人同时操作铣床，切屑应飞向床身，以免烫伤人。对刀或铣削时，眼睛不能平视工件。

⑦ 对刀试切调整安装铣刀头时，注意不要损伤刀片刃口。

⑧ 若采用四把铣刀头，可将刀头安装成阶台状切削工件。

⑨ 机床上的灯在机床通电状态下应保持常开。

⑩ 应注意冷却液的使用。

5. 斜面

有很多机器零件上要加工出一个斜面，或者说加工出一个角度，这个角度都是相对于零件上的某一个部分而言的，比如相对于某一孔、某一面，那么这个孔、这个面就是要确定的基准，以此基准来确定所要加工的部位或方向。

在图纸上表示斜面的方法有两种：对于倾斜度大的斜面，一般用度数表示，如斜面和基准面之间的夹角为 n 度；对于倾斜度小的斜面，往往采用比值表示，如在 100 mm 的长度上，两端尺寸相差 1 mm，就用 1∶100 表示。

角度的大小在图纸上是有标注的,角度的方向在图纸上是可以看出来的。操作者加工时,不能把刀具的切削部位与工件的基准位置倒置,以免造成角度铣反或者斜面铣反。因此,转动刀具或工件时,如何能使刀具的某一部位与工件基准形成图纸要求的角度,这是很关键的一点。

6. 斜面铣削

铣削斜面常用的方法如下。

(1) 划线法 [图 3.2.2 (a)]

根据图纸确切的基准,按角度、尺寸、方向在工件上划好线,将工件夹在平口钳内或用压板压在工作台上,再将其划针盘找水平(或垂直),使所划的线条与刀具的旋向平面平行(或垂直),然后铣至线上。

(2) 转动平口钳法 [图 3.2.2 (b)]

这种操作方法一般和划线法配合使用比较安全。注意,转动的方向要对,即刀具相对工件基准要准确,否则会把角度铣反。

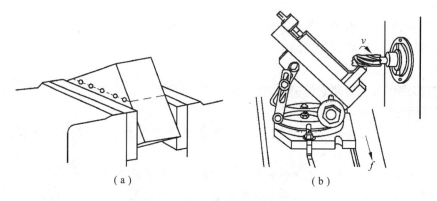

图 3.2.2 划线法和转动平口钳法

(a) 划线法;(b) 转动平口钳法

(3) 扳转立铣头铣削法 (图 3.2.3)

这种操作方法与转动平口钳法基本一样,所不同的是,一个改变工件的角度,一个改变刀具的角度。要注意的是,要清楚是刀具的圆周刃铣削还是刀具的端面刃铣削,否则也会造成角度铣反的情况。

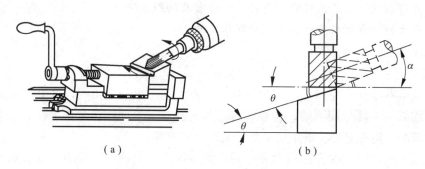

图 3.2.3 扳转立铣头铣削法

(4) 用角度铣刀铣斜面法（图 3.2.4）

这种方法比较简单，只要根据图纸上要求的角度去选择合适的角度铣刀，将工件夹在平口钳内或压在工作台上铣至所要求的深度即可。

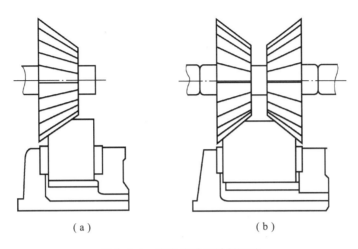

(a)　　　　　　　　(b)

图 3.2.4　用角度铣刀铣斜面法

铣斜面除了以上四种方法外，还有其他方法，例如利用斜垫铁铣斜面、用专用夹具铣斜面等。

7. 倾斜装夹工件铣斜面的准备

①选用 X5032 型铣床和高速钢面铣刀。

②采用机用平口钳装夹工件。工件找正定位时，以大平面为主要基准（限制 3 个自由度），侧平面为导向基准（限制 2 个自由度），上面为止推基准（限制 1 个自由度）。

③拟定倾斜工件铣削斜面的工步顺序：预制件检验→划线→找正平口钳→装夹、找正工件→安装铣刀→依次粗、精铣两个斜面→铣削斜面工序检验。

④选择刀具。根据图样给定的斜面宽度尺寸选择铣刀规格，现选用外径为 $\phi 10$ mm、3 齿的立铣刀。

⑤检验测量方法。用游标万能角度尺检验斜面角度。

8. 斜面的检验

检验斜面时，除了检验斜面基本尺寸和表面粗糙度外，主要检验斜面的角度。精度要求较高、角度较小的斜面，用正弦规检验；一般要求的斜面，用万能游标量角器检验。检测工件时，应将万能游标量角器基标尺底边贴紧工件的基准面，然后调整量角器，使直尺、角尺或扇形板的测量面贴紧工件的斜面，锁紧紧块，读出数值。

温馨提示：

①铣削时，注意铣刀的旋转方向是否正确。

②铣削时，切削刃应靠向平口钳的固定钳口。

③用端铣刀或立铣刀端面刃铣削时，注意顺、逆铣，注意走刀方向，以免因顺铣或走刀方向搞错而损坏铣刀。不使用的进给机构应紧固，工作完毕后应松开。

组织实施

任务分配表

项目	姓名(负责人)						扣分情况
安全规程收集	学习委员(由学习委员通知收集,各组组长配合,收齐各组资料交由学习委员)						
人员分组安排 总组长: 班长:	第一组(工位号) 组长: 组员:	第二组(工位号) 组长: 组员:	第三组(工位号) 组长: 组员:	第四组(工位号) 组长: 组员:	第五组(工位号) 组长: 组员:	第六组(工位号) 组长: 组员:	组长10分、组员5分
安全员安排	班长(出现问题,一次扣10分)						
卫生安排	生活委员及各组组长(厂房地面、机床、工具箱台面、教室卫生等。卫生打扫不到位,一次扣生活委员及组长10分,组员扣5分),有生活委员安排打扫卫生的组(轮换)						
机床设备使用登记本	由学习委员安排组长负责						
教学交接记录本	教师						
上交实习日记	学习委员						
护目镜发放,工作服巡视检查(每天不定时)	班长(班长负责护目镜发放,班长、副班长同时每天不定时检查工作服、帽、护目镜的穿戴情况,一次不合格者,扣10分)						
高度尺、卡尺、千分尺的发放(每天)	学习委员收发(每次实训完,要收回办公室并检查是否完好,出现问题由个人负责,扣10分)						
损坏保修	班长						
交学生日志卡	考勤班长						
视频播放	团支书(每天定时定点播放视频)						
安全考试安排	学习委员(主要是管理好纪律)						

续表

项目	姓名（负责人）	扣分情况
安全规程收集	学习委员（由学习委员通知收集，各组组长配合，收齐各组资料交由学习委员）	
发放和收集实习报告、填写老师和学生考勤日志卡	考勤班长和学习委员（做到认真负责）	
机床保养	班长及全班学生	

设备日常点检表

设备日常点检表									
普通机械加工中心设备日常点检表						日期		指导教师1	
学号：		姓名：	设备名称：			实训区域		指导教师2	
序号	点检内容 ○ 开动中 ● 停止		基准	方法	周期	设备型号			设备编号
						检查日期			
1	清扫	●	机床顶部	无灰尘、油污	目视、触摸	班	第一天	第二天	第三天	第四天	第五天
2		●	移动工作台	无杂物、铁屑	目视、触摸	班					
3		●	机床底座、四周	无油污、杂物	目视、触摸	班					
4		●	电动机外表	无油污、杂物	目视、触摸	班					
5	加油	●	润滑油油标	油量达到2/3	目视	班	第一天	第二天	第三天	第四天	第五天
6		●	冷却润滑	冷却液充足	目视	班					
7		●	导轨润滑	移动进给灵活	目视、手拭	班					

续表

设备日常点检表									
普通机械加工中心设备日常点检表						日期		指导教师1	
学号：		姓名：	设备名称：			实训区域		指导教师2	
序号	点检内容 ○ 开动中 ● 停止		基准	方法	周期	设备型号		设备编号	
^^^	^^^		^^^	^^^	^^^	检查日期			
8	点检	○	齿轮箱	无变形、固定牢靠	目视	班			
9	^^^	○	各轴	运动正常	目视	班			
10	^^^	○	按钮和指示灯	无损坏、松动	手拭	班			
11	^^^	●	柜外表	无油污、灰尘	目视、触摸	班			
12	^^^	○	显示屏	程序运行正常	目视、触摸	班			
13	^^^	○	油管	无破损、无漏油	目视	班			
不正常时，通知相关维修人员并填写保修单 || 1. 点检人签名								
^^^ || 2. 点检人签名								
^^^ || 注：（1）点检情况按颜色填入表格，良好"√"、故障"▲"；（2）工作中，如设备发生故障，在相应格中打"×"标记；（3）每天一小格。								

图纸

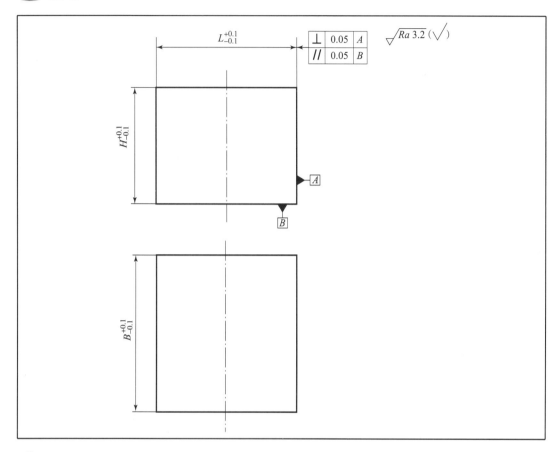

任务评价

填写评价表

工作任务评价表					
任务名称：		班级： 小组： 姓名：		指导教师： 日　　期：	
评价项目	评价标准	评价方式			权重	小计
		1. 护目镜、衣扣、袖口系紧；2. 量具使用完后放回量具盒；3. 机床、工具箱台面清理；4. 高度尺使用完后收回办公室；5. 机床设备使用登记本填写；6. 教室、厂房清理				
职业素养	1. 遵守实训规章制度 2. 严格执行"6S"管理 3. 遵守安全生产规定 4. 组织协作能力				0.3	

续表

工作任务评价表

任务名称：	班级： 小组： 姓名：	指导教师： 日　　期：

评价项目	评价标准	评价方式 1. 护目镜、衣扣、袖口系紧；2. 量具使用完后放回量具盒；3. 机床、工具箱台面清理；4. 高度尺使用完后收回办公室；5. 机床设备使用登记本填写；6. 教室、厂房清理	权重	小计
专业能力	1. 理解装配要求并制订正确的装配工艺 2. 正确、合理选用工、量具 3. 操作准确、规范 4. 分析判断准确 5. 任务完成质量好		0.5	
创新能力	1. 任务过程中主动分析、解决问题 2. 合理组织任务实施		0.2	
合计				

学生姓名		总得分		检验		
学号				日期		
工件考核	项目	检测内容	配分	检测结果	得分	备注
	外观检测	有无划伤、磕碰、砸伤等	5			
	行位检测	平行度、垂直度、平面度、对称度等	5			
	尺寸检测		5			
			5			
			5			
			10			
			10			
			10			
		未列尺寸	每超差一处，扣1分			

续表

学生姓名		总得分			检验			
学号					日期			
	项目	检测内容		配分	检测结果	得分	备注
工件考核		工具箱摆放		3			
		机床保养		2			
		安全操作		5			
	合计						
过程考核	出勤	有无迟到、早退		5			
	态度	能否遵守规则制度		5			
	工作质量	对待工作是否认真		5			
	合作	与其他岗位合作情况		5			
	机床操作	对机床熟悉程度		5			
	管理	是否服从管理		5			
	任务	能否按时完成任务		5			
	合计						

严重违反安全操作规程，屡教不改或造成重大事故者，取消实训操作资格！
尺寸超差严重者，酌情从总分中扣除 20～30 分。

个人总结

3.3 铣槽类零件、阶台和切断

任务描述

根据任务要求熟练掌握铣槽类零件、阶台和切断的基本操作方法与注意事项。

任务要求

①正确选择键槽加工刀具。
②掌握直角沟槽、阶台铣削的步骤。

③了解铣直角沟槽、阶台易出现的问题并清楚其解决方法。

④熟悉封闭键槽加工的对刀方法,掌握封闭式键槽加工步骤。

理论知识

1. 选择刀具、铣封闭式键槽、铣窄槽和切断

铣削直角槽或阶台一般选择三面刃盘形铣刀 [图 3.3.1（a）、图 3.3.1（b）、图 3.3.1（c）和图 3.3.1（e）] 或立铣刀 [图 3.3.1（d）]。在满足切削力的条件下,立铣

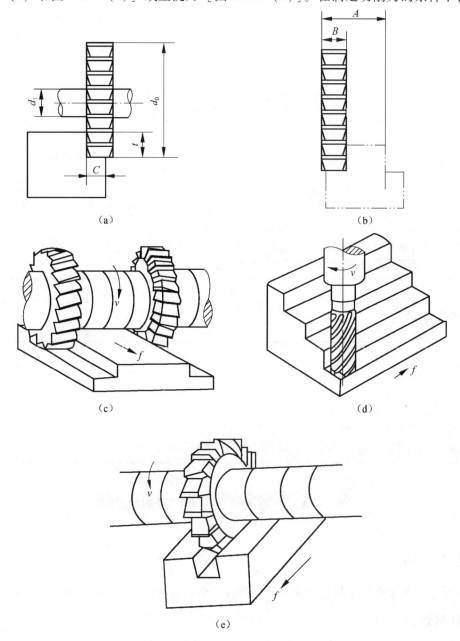

图 3.3.1　铣削直角槽成台阶

(a)（b）（c）（e）三面刃盘形铣刀铣阶台和直角；(d) 立铣刀铣削阶台

刀的直径或三面刃盘形铣刀的厚度要尽可能小一些。因为直径越大，扭矩越大，产生的振动越大，从而影响加工表面的粗糙度。刀具的厚度越大，增加了切削长度，产生的阻力就越大，同样影响加工精度。

2. 切削用量的选择

①铸件主轴转速：_____；走刀量：_____；切削深度：_____。

②钢件主轴转速：_____；走刀量：_____；切削深度：_____。

③划线划槽的位置线：_____。

④刀具的安装位置要尽量靠近主轴，以减小_____。

⑤安装工件时，工件要_____，并且敲平，即夹紧敲实。

⑥对刀试切调整纵向、升降工作台，使刀具轻轻接触_____，并且刀具要调整在所划线条的中间，然后退出工件。调整切削深度，自动或手动走刀，粗铣第一刀。

⑦测量检查_____，决定下一刀的切削深度。

⑧将所剩余量进到尺寸，精铣第二刀，把槽的深度铣到尺寸，调整_____向工作台，铣槽的宽度每走一刀，需测量一次尺寸，直到保证槽的宽度符合图纸要求为止。

温馨提示：

①铣削时，一定采用_____。

②测量时，一定要等刀具_____后，方可测量。

③装夹时，注意工件的_____，以防铣削过程中铣床走到极限。

④钢件一定要使用_____。

⑤铣削深度调整至槽深或阶台深尺寸以后，不用再调，只需水平移动，铣至槽宽要求即可。

3. 键槽加工刀具选择

轴上安装键的槽称为键槽，键槽有敞开式、半敞开式和封闭式。

①敞开式键槽用盘形铣刀［图3.3.2（a）］和立铣刀［图3.3.2（b）］都可以加工。盘形铣刀效率高。

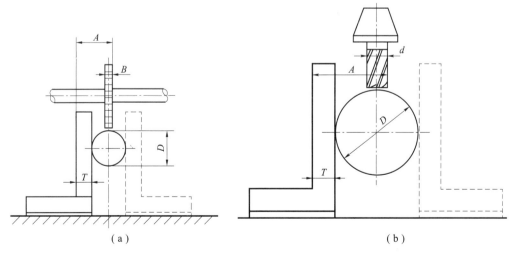

图 3.3.2　调整铣刀切削位置

（a）盘形铣刀加工；(b) 立铣刀加工

②半敞开式键槽用立铣刀加工。选用刀具的直径应小于或等于槽宽。因铣削时受力，立铣刀刚性较差时易偏让，受力过大可能引起铣刀折断。一般用分层铣削法铣至尺寸，在扩铣时，应在槽外升刀，不能来回吃刀，以免顺铣，避免啃伤工件。

③封闭式键槽可用立铣刀和键槽铣刀加工。选用键槽铣刀时，采用分层铣削方法。用立铣刀扩铣封闭槽时，刀具不能垂直进给铣削，应先钻孔，再用小于槽宽的立铣刀铣削，然后用等于槽宽的铣刀铣至要求宽度。扩铣时，防止顺铣，随时紧固不用的方向。

铣削键槽时，安装工件的夹具有虎钳、专用虎钳、V形钳、分度头等。

4. 铣封闭式键槽的对刀方法

常用的方法有游标卡尺测量法、贴纸法、切痕法和刀规法。

5. 封闭式键槽加工方法及步骤

①安装并校正平口钳，装夹工件。

②选刀：选相适应的键槽铣刀（要试刀）。

③选主轴转数：＿＿＿＿＿＿。

④开车对中心用切痕法，在铣键槽的位置铣出一个小平面。调整横向，使主轴旋转中心对准小平面的中心，如图3.3.3所示。

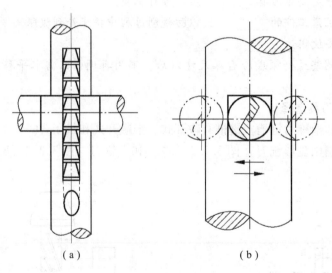

图 3.3.3 按切痕调整铣刀

(a) 用盘形铣刀加工；(b) 用立铣刀或键槽铣刀加工

⑤记刻度环控制键槽＿＿＿＿＿＿、＿＿＿＿＿＿、＿＿＿＿＿＿，分层铣削。

⑥用键槽卡板测量槽宽。

6. 实训步骤

①选用立式铣床加工外形。

②划键槽形线，并预钻落刀孔。

③用平口钳装夹工件，工件轴向与机床＿＿＿＿＿＿导轨平行，使工件封闭式键槽部分悬空。

④选择直径为 16 mm 的键槽铣刀,并装夹在立铣头上。
⑤用浸油薄纸贴在_____,用键槽铣刀的圆周刃试切对刀,找到键槽中心。
⑥刀具退出工件,开动机床,手动纵向进给分层进行铣削,深 15 mm。
⑦铣削过程中,要验证_____及键槽宽度尺寸。

温馨提示:
①键槽长度方向不能摇错方向或摇过刻度记号。
②升降工作台对完刀后,刻度要记好,深度也要划上标记(最好在工作台导轨上和刻度盘上同时标记)。
③随着零件直径变化,需要重新对_____。
④刀具要夹紧,防止_____使槽深超差。
⑤铣钢件时,要使用_____。

7. 锯片铣刀的选择

主要是选择锯片铣刀的直径和厚度。在能够把工件切断的情况下,尽量选择直径较小的锯片铣刀。铣刀直径按下式确定:

$$D > d + 2t$$

式中,D 为铣刀直径,mm;d 为刀垫圈直径,mm;t 为切断时的深度(工件厚度),mm。

如工件厚度较大,又无大直径锯片铣刀时,可从相对的两面分两次进行切削。用于切断的锯片铣刀的厚度,应根据毛坯的长度及分割段数来确定:

$$B \leq (I - L)/(n - 1)$$

式中,B 为铣刀厚度;I 为毛坯总长;L 为每段长度;n 为需分割的段数。

总之,铣刀直径大时,取较厚的铣刀;铣刀直径小时,取较薄的铣刀。

8. 锯片铣刀及工件的安装

(1)锯片铣刀的安装

安装锯片铣刀时,铣刀应尽量靠近铣床主轴端部。安装挂架时,挂架应尽量靠近刀,增加刀轴的支撑刚性,如图 3.3.4 所示。

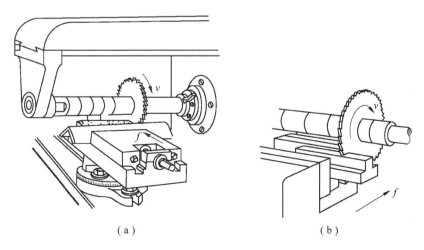

图 3.3.4 锯片铣刀的安装和切断

为防止铣刀受力过大而碎裂,在刀轴和铣刀间不安装键,依靠刀轴垫圈和铣刀两侧面的摩擦力带动铣刀旋转来切削工件。为了防止刀轴螺母松动，在靠近刀轴紧刀螺母的刀环内安装键。

（2）工件的安装

平口钳装夹工件时，固定钳口应与铣床主轴轴心线平行，铣削力应朝向固定钳口。工件伸出钳口端长度要尽量短（以铣不到钳口端为宜），避免切断时产生振动。工件全部装夹在钳口内，切断时，应注意钳口夹紧力，以工件快切断时不夹住刀具并顺利切断为宜。

压板装夹工件切断板料时，可使用压板将工件夹紧在工作台台面上，压板的夹紧点应尽量靠近铣刀，切缝置于工作台 T 形槽间，防止损伤工作台。工件的端面和侧面应安装定位垫铁，防止工件松动。切断带孔工件时，固定钳口与铣床主轴轴心线平行安装，夹持工件的两端面，将工件切透。对于有较窄的直角沟槽的零件（如开口螺钉），如图 3.3.5 所示，为了使装卸工件方便，并且不损伤工件的螺纹部分，可以使用开口螺纹保护套或垫铜皮，将工件用三爪卡盘夹持。

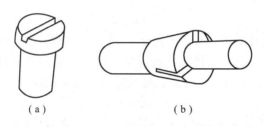

图 3.3.5　有直角沟槽的零件

切断条料前，应对平口钳进行校正，使平口钳的固定钳口与铣刀的侧面垂直。在保证切下规定长度的前提下，尽量缩短条料的伸出长度，使工件具有较高的刚性，以免在切削过程中产生振动。如切下的长度较小，可加大条料的伸出长度，以便在一次装夹下切下工件。在计算伸出长度时，除应考虑要切下的各段长度外，还应考虑到铣刀的宽度和断口数目。切断时，应选用较低的切削速度和进给量，最好采用手动进给。铣刀的切削深度和料的底面接平为宜，有时需要压板压紧。

温馨提示：

①尽量采用手动进给，进给应均匀。

②若采用机动进给，必须先手动进给，切入工件后再机动进给，进给速度不能过快，加工前应先检查工作台零位的正确性。

③使用大直径铣刀切断时，应采用加大的垫圈，以增强锯片铣刀的安装刚性。

④切断钢件时，应加充足的冷却液。

⑤切断时，注意力应集中，走刀途中发现铣刀停转或工件移动时，应先停止工作台进给，再停止主轴旋转。

⑥禁止用变钝的铣刀切断，应及时更换刀刃。

⑦切断时，没有使用的进给机构应紧固。

⑧切断时的切削力应朝向夹具的主要支撑部分。

组织实施

任务分配表

项目	姓名（负责人）						扣分情况
安全规程收集	学习委员（由学习委员通知收集，各组组长配合，收齐各组资料交由学习委员）						
人员分组安排 总组长： 班长：	第一组（工位号） 组长： 组员：	第二组（工位号） 组长： 组员：	第三组（工位号） 组长： 组员：	第四组（工位号） 组长： 组员：	第五组（工位号） 组长： 组员：	第六组（工位号） 组长： 组员：	组长10分、组员5分
安全员安排	班长（出现问题，一次扣10分）						
卫生安排	生活委员及各组组长（厂房地面、机床、工具箱台面、教室卫生等。卫生打扫不到位，一次扣生活委员及组长10分，组员扣5分），有生活委员安排打扫卫生的组（轮换）						
机床设备使用登记本	由学习委员安排组长负责						
教学交接记录本	教师						
上交实习日记	学习委员						
护目镜发放，工作服巡视检查（每天不定时）	班长（班长负责护目镜发放，班长、副班长同时每天不定时检查工作服、帽、护目镜的穿戴情况，一次不合格者，扣10分）						
高度尺、卡尺、千分尺的发放（每天）	学习委员收发（每次实训完，要收回办公室并检查是否完好，出现问题由个人负责，扣10分）						
损坏保修	班长						
交学生日志卡	考勤班长						
视频播放	团支书（每天定时定点播放视频）						
安全考试安排	学习委员（主要是管理好纪律）						

续表

项目	姓名（负责人）	扣分情况
安全规程收集	学习委员（由学习委员通知收集，各组组长配合，收齐各组资料交由学习委员）	
发放和收集实习报告、填写老师和学生考勤日志卡	考勤班长和学习委员（做到认真负责）	
机床保养	班长及全班学生	

设备日常点检表

设备日常点检表									
普通机械加工中心设备日常点检表						日期		指导教师1	
学号：		姓名：	设备名称：			实训区域		指导教师2	
序号	点检内容		基准	方法	周期	设备型号			设备编号
	○ 开动中 ● 停止					检查日期			
1	清扫	●	机床顶部	无灰尘、油污	目视、触摸	班	第一天	第二天	第三天	第四天	第五天
2		●	移动工作台	无杂物、铁屑	目视、触摸	班					
3		●	机床底座、四周	无油污、杂物	目视、触摸	班					
4		●	电动机外表	无油污、杂物	目视、触摸	班					
5	加油	●	润滑油油标	油量达到2/3	目视	班	第一天	第二天	第三天	第四天	第五天
6		●	冷却润滑	冷却液充足	目视	班					
7		●	导轨润滑	移动进给灵活	目视、手拭	班					

续表

设备日常点检表									
普通机械加工中心设备日常点检表						日期		指导教师1	
学号：		姓名：	设备名称：			实训区域		指导教师2	
序号	点检内容 ○ 开动中 ● 停止		基准	方法	周期	设备型号		设备编号	
						检查日期			
8		○	齿轮箱	无变形、固定牢靠	目视	班			
9		○	各轴	运动正常	目视	班			
10		○	按钮和指示灯	无损坏、松动	手拭	班			
11	点检	●	柜外表	无油污、灰尘	目视、触摸	班			
12		○	显示屏	程序运行正常	目视、触摸	班			
13		○	油管	无破损、无漏油	目视	班			
不正常时，通知相关维修人员并填写保修单		1. 点检人签名							
^		2. 点检人签名							
|| 注：（1）点检情况按颜色填入表格，良好"√"、故障"▲"；（2）工作中，如设备发生故障，在相应格中打"×"标记；（3）每天一小格。								

任务评价

填写评价表

工作任务评价表					
任务名称：		班级： 小组： 姓名：		指导教师： 日　　期：	
评价项目	评价标准	评价方式			权重	小计
|| 1. 护目镜、衣扣、袖口系紧；2. 量具使用完后放回量具盒；3. 机床、工具箱台面清理；4. 高度尺使用完后收回办公室；5. 机床设备使用登记本填写；6. 教室、厂房清理				
职业素养	1. 遵守实训规章制度 2. 严格执行"6S"管理 3. 遵守安全生产规定 4. 组织协作能力				0.3	
专业能力	1. 理解装配要求并制订正确的装配工艺 2. 正确、合理选用工、量具 3. 操作准确、规范 4. 分析判断准确 5. 任务完成质量好				0.5	
创新能力	1. 任务过程中主动分析、解决问题 2. 合理组织任务实施				0.2	
合计						

3.4　铣直齿圆锥齿轮

任务描述

根据任务要求熟练掌握铣直齿圆锥齿轮的基本操作方法与注意事项。

任务要求

①了解直齿圆锥齿轮的特点，同时能够自主计算直齿圆锥齿轮数据。

②能够熟练加工出直齿圆锥齿轮。
③能够熟练选择直齿圆锥铣刀。
④了解直齿圆锥齿轮的加工及测量方法，并分析铣削中出现的质量问题。

理论知识

1. 直齿圆锥齿轮相关知识及铣刀的选择

直齿圆锥齿轮俗称伞齿轮，如图3.4.1所示。在传动机构中，当两轴相交并且要求传动比严格不变时，采用直齿圆锥齿轮传动。通常情况下两轴间夹角为90°。在铣床上用仿形法铣，只用于精度不高的修配生产。计算测量和在图纸上标注直齿圆锥齿轮各部件尺寸时，以大端模数为依据。

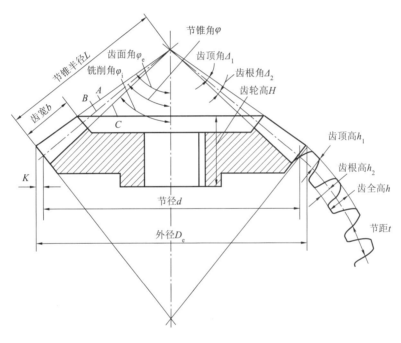

图3.4.1 直齿圆锥齿轮

直齿圆锥齿轮齿形有直齿和圆锥齿两种。直齿圆锥齿轮相应有外锥、节锥和根锥三个基本圆锥。

直齿圆锥齿轮铣刀的选择：直齿圆锥齿轮铣刀是专用刀具，它和直齿圆柱齿轮铣刀基本相同，只是其刀具上有伞形标记。由于直齿圆锥齿轮的直径大端与小端不相等，故基圆直径也不相等，所以齿形曲线大端较直、小端较弯。因此，在铣床上用成形铣刀铣锥齿轮时，若刀适用于大端，则不适用于小端（包括刀齿厚度和齿形），反之亦然。所以，为了使二者兼顾，其圆锥齿轮铣刀曲线按照大端制造，而刀的厚度按照小端制造，它铣出的齿形仅是近似的齿形曲线。齿轮的齿数越少和齿轮的宽度越大，其误差也越大。

直齿圆锥齿轮铣刀的齿形是根据直齿圆锥齿轮的当量齿数设计的，并且和直齿圆柱齿轮一样，在同一模数中按齿数划分号数，所以，在铣直齿圆锥齿轮时，必须根据齿轮的当量齿数选择铣刀号数。选法和选直齿圆柱齿轮一样：

$$z_v = z/\cos\varphi$$

式中，φ 为锥齿轮节锥角。

2. 圆锥齿轮的加工方法及步骤

①检查齿轮齿坯。按图纸要求检查齿轮的各部分尺寸精度，如图 3.4.2 所示。

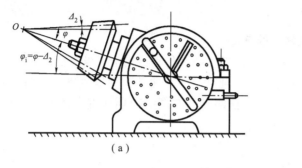
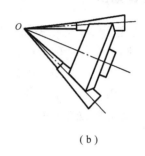

图 3.4.2　检查齿轮各部分精度

②安装齿坯。齿坯装在分度头上，分度头应扳转一铣削角，其大小为根锥角大小。此外，校正外圆锥面圆跳动在要求的范围内。

③铣刀按当量齿数，选择标有伞形标记的直齿圆锥齿轮铣刀。

④计算分度头手柄数，按实际齿数计算，即 $n = 40/z$。

⑤装刀对中心。用高度尺调至和工件大约等高的位置先划一直线，再转动工件 180° 划第二条直线，它和第一条直线交叉，然后转动此交叉线于最顶端（即转分度头再转 90°），然后移动工作台，使刀尖切痕在交点处，这样就对好中心了。记下此时的线作为初始线，并紧固工作台。

⑥调整铣削深度，进行铣削。对好中心后，将铣刀靠向齿轮，使刀尖和齿轮大端接触，然后退出，将工作台升高，按小端齿槽宽依次铣出全部齿槽。

⑦扩铣齿槽右侧面。将工作台按图 3.4.3 所示实线箭头方向横向移动距离 s。s 值可按下面公式计算：

$$s = \frac{mb}{2L}$$

式中，s 为移动量；m 为模数；b 为齿宽；L 为节锥距。

移动 s 之后，再摇分度头的手柄，使齿轮毛坯按图中实线箭头方向旋转一个孔距数 P，P 根据经验公式得出：

$$P = \left(\frac{1}{10} \sim \frac{1}{8}\right)F$$

式中，P 为铣侧面余量时，分度头手柄应转过的孔距数；F 为分齿时，分度头应转过的总孔距数。使铣刀的右侧刃切去大端齿槽右侧部分的余量，并稍微擦着小端齿槽的右侧（这时铣刀左侧刃不能碰到小端齿槽的左侧）。

由图 3.4.3 可知，铣右侧时，分度头向左

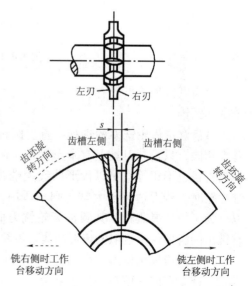

图 3.4.3　工作台移动方向

转，工作台向右移；铣左侧时，分度头向右转，工作台向左移。这是加工锥齿轮的基本原则，必须牢固掌握，熟练地应用。这一刀铣过后，就用齿厚卡尺测量大端齿厚。这时切去的余量应该是开槽后的齿厚与图纸上齿厚的一半。如果还有余量，可以利用分度头的微分度装置将分度头手柄再转过 1 个或 2 个孔或半个孔，然后再铣一刀，直至符合要求为止，并顺次将各齿的这一侧面都铣出来。

⑧扩铣齿槽左侧面。将工作台反向（如图 3.4.3 中虚线箭头方向）移动 2s 值，并且反向摇分度头手柄，使工件再转动一次 $P' = 2P$（图 3.4.3 中虚线箭头方向），然后按上述方法将这一侧的齿厚切到满足图纸的要求，并顺次将各齿这一侧都铣出来。

用这种方法加工，计算比较简单。实践中，采用这种方法加工的齿轮，小端的齿厚比理论上要求的稍薄一些，这主要是由于计算出的 s 值偏小，横向工作台移动量少。因此，加工后一般都不需要修锉，小端的齿形就能使用，节省了人力和时间。但小端齿厚减薄会影响啮合时的接触精度，如果对这一精度有一定要求，可以将移动量 s 加大一点，使小端不至于减薄。另外，在铣削节锥角很小的锥齿轮时，小端的齿厚特别是齿顶厚不易合乎要求，这时也应适当调整工作台的移动量 s，如果大端齿厚合适，而小端稍厚，就需将 s 值减小一些，反之，就适当增加一些。

在铣床上铣削锥齿轮，虽然是一种近似的加工方法，但对于一个操作者来说，应掌握锥齿轮加工的基本原则，即在铣侧面时，必须同时调整分度头转向与横向偏移量，它们的转向与移动方向绝不能搞错。

⑨直齿圆锥齿轮的测量。

a. 齿厚的测量。用齿厚卡尺测量分度圆弦齿厚和固定弦齿厚，其计算方法和直齿圆柱齿轮的相同，但公式中的齿数必须是直齿圆锥齿轮的当量齿数。测量时，卡尺必须在齿轮大端上测量。

b. 齿深的测量。一般用游标卡尺的深度尺测量齿全深。测量时，在直齿圆锥齿轮大端上测量。

3. 操作步骤

①检查齿轮齿坯并安装齿坯。
②选刀。
③计算分度头手柄数，按实际齿数计算，即 $n = 40/z$。
④装刀对中心，调整铣削深度，进行铣削。
⑤扩铣齿槽右侧面，扩铣齿槽左侧面。
⑥直齿圆锥齿轮的测量。

温馨提示：

①齿形误差超差，原因是：铣刀号数选择不对或计算不正确，铣刀刃磨不好，_____不正确。
②周节误差超差，原因是：_____不正确，_____超差或安装不好。
③齿向误差超差，原因是：_____未对准，扩铣齿槽两侧时，_____不相等。
④齿向径向超差，原因是：齿坯内孔与外径_____，齿坯的安装误差大或心轴未校正好。
⑤齿厚超差，原因是：测量或计算不正确，_____过大或过小。

⑥齿数不对，原因是：分度错误或计算错误。

⑦表面粗糙度达不到要求，原因是：铣刀摆动太大或铣刀变钝，铣削时，分度头_____或进刀量太大。

⑧操作时注意以下问题。

 a. 装夹工件前，应检查齿坯的_____和_____。

 b. 铣削时，一般情况下应由轮齿的_____铣向_____，使铣削力朝向分度头主轴。

组织实施

任务分配表

项目	姓名（负责人）						扣分情况
安全规程收集	学习委员（由学习委员通知收集，各组组长配合，收齐各组资料交由学习委员）						
人员分组安排 总组长： 班长：	第一组（工位号） 组长： 组员：	第二组（工位号） 组长： 组员：	第三组（工位号） 组长： 组员：	第四组（工位号） 组长： 组员：	第五组（工位号） 组长： 组员：	第六组（工位号） 组长： 组员：	组长10分、组员5分
安全员安排	班长（出现问题，一次扣10分）						
卫生安排	生活委员及各组组长（厂房地面、机床、工具箱台面、教室卫生等。卫生打扫不到位，一次扣生活委员及组长10分，组员扣5分），有生活委员安排打扫卫生的组（轮换）						
机床设备使用登记本	由学习委员安排组长负责						
教学交接记录本	教师						
上交实习日记	学习委员						
护目镜发放，工作服巡视检查（每天不定时）	班长（班长负责护目镜发放，班长、副班长同时每天不定时检查工作服、帽、护目镜的穿戴情况，一次不合格者，扣10分）						
高度尺、卡尺、千分尺的发放（每天）	学习委员收发（每次实训完，要收回办公室并检查是否完好，出现问题由个人负责，扣10分）						

续表

项目	姓名（负责人）	扣分情况
安全规程收集	学习委员（由学习委员通知收集，各组组长配合，收齐各组资料交由学习委员）	
损坏保修	班长	
交学生日志卡	考勤班长	
视频播放	团支书（每天定时定点播放视频）	
安全考试安排	学习委员（主要是管理好纪律）	
发放和收集实习报告、填写老师和学生考勤日志卡	考勤班长和学习委员（做到认真负责）	
机床保养	班长及全班学生	

图纸

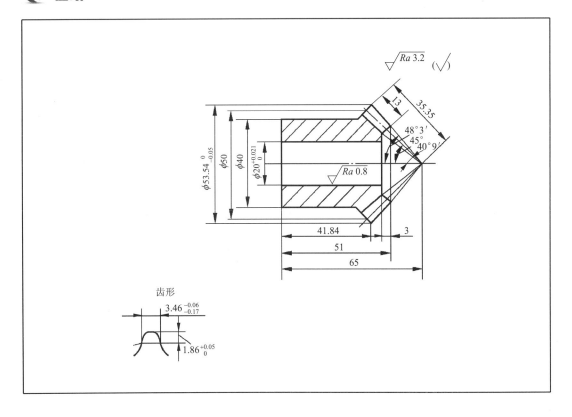

任务评价

填写评价表

<table>
<tr><td colspan="5" align="center">工作任务评价表</td></tr>
<tr><td colspan="2">任务名称：</td><td>班级：
小组：
姓名：</td><td colspan="2">指导教师：
日　期：</td></tr>
<tr><td rowspan="2">评价项目</td><td rowspan="2">评价标准</td><td align="center">评价方式</td><td rowspan="2">权重</td><td rowspan="2">小计</td></tr>
<tr><td>1. 护目镜、衣扣、袖口系紧；2. 量具使用完后放回量具盒；3. 机床、工具箱台面清理；4. 高度尺使用完后收回办公室；5. 机床设备使用登记本填写；6. 教室、厂房清理</td></tr>
<tr><td>职业素养</td><td>1. 遵守实训规章制度
2. 严格执行"6S"管理
3. 遵守安全生产规定
4. 组织协作能力</td><td></td><td>0.3</td><td></td></tr>
<tr><td>专业能力</td><td>1. 理解装配要求并制订正确的装配工艺
2. 正确、合理选用工、量具
3. 操作准确、规范
4. 分析判断准确
5. 任务完成质量好</td><td></td><td>0.5</td><td></td></tr>
<tr><td>创新能力</td><td>1. 任务过程中主动分析、解决问题
2. 合理组织任务实施</td><td></td><td>0.2</td><td></td></tr>
<tr><td>合计</td><td colspan="4"></td></tr>
</table>

<table>
<tr><td>学生姓名</td><td colspan="2"></td><td rowspan="2" align="center">总得分</td><td colspan="2"></td><td>检验</td><td></td></tr>
<tr><td>学号</td><td colspan="2"></td><td colspan="2"></td><td>日期</td><td></td></tr>
<tr><td rowspan="3">工件考核</td><td colspan="2">项目</td><td>检测内容</td><td>配分</td><td>检测结果</td><td>得分</td><td>备注</td></tr>
<tr><td colspan="2">外观检测</td><td>有无划伤、磕碰、砸伤等</td><td>5</td><td></td><td></td><td></td></tr>
<tr><td colspan="2">行位检测</td><td>平行度、垂直度、平面度、对称度等</td><td>5</td><td></td><td></td><td></td></tr>
</table>

续表

学生姓名		总得分			检验		
学号					日期		
	项目	检测内容	配分	检测结果	得分	备注	
工件考核	尺寸检测		5				
			5				
			5				
			10				
			10				
			10				
		未列尺寸	每超差一处，扣1分				
		工具箱摆放	3				
		机床保养	2				
		安全操作	5				
	合计						
过程考核	出勤	有无迟到、早退	5				
	态度	能否遵守规则制度	5				
	工作质量	对待工作是否认真	5				
	合作	与其他岗位合作情况	5				
	机床操作	对机床熟悉程度	5				
	管理	是否服从管理	5				
	任务	能否按时完成任务	5				
	合计						
严重违反安全操作规程，屡教不改或造成重大事故者，取消实训操作资格！ 尺寸超差严重者，酌情从总分中扣除 20～30 分。							

个人总结

第4章 磨 工

4.1 磨工入门知识

任务描述

根据任务要求熟练掌握磨床的基本操作方法与注意事项。

任务要求

①掌握磨削加工的工艺范围、工艺特点及工艺过程。
②了解平面、外圆、无心磨床的组成及各部分的作用，掌握磨床的正确操作方法并能正确调整机床，以适应生产加工需要。
③掌握砂轮的种类、构成、安装及使用。
④熟悉磨削加工一般工件的定位、装夹及加工方法。
⑤能根据设备及实际生产状况完成一定的生产任务。

理论知识

1. 磨工工种的加工内容

在生产活动中，一台机器的制成，是各工种之间密切配合的结果，每一个工种在机器制造业中都有着它自己的特点和作用。

磨工是机床加工的主要工种之一，它是用砂轮作为切削工具对工件进行磨削加工的。磨削加工的范围很广（图4.1.1），有外圆磨削、内圆磨削、平面磨削、螺纹磨削、花键磨削、齿轮磨削、曲轴磨削、成形面磨削、无心外圆磨削和刀具刃磨等。其中内、外圆和平面磨削是最基本的磨削方式，是磨工必须掌握的最基本的操作技能。近年来，由于磨削技术的迅速发展，各种形状复杂、精度较高、硬度较大、材料加工难度大的零件几乎全部采用磨削加工完成，这将使磨削加工在整个机器制造业中发挥出更大的作用。

2. 磨工实训课的任务

磨工实训课是高职院校中的一门主课。它旨在培养学生全面地掌握本工种的基本操作技能，通过培训，使学生达到：会加工本工种中级技术等级的工件；熟练地使用、调整本工种的常用设备；能正确使用工、夹、量具；能在维修人员的配合下进行磨床的一级保养；养成良好的文明生产和安全生产的习惯。在完成上述教学任务的过程中，应对学生加强基本操作训练，并贯彻由浅入深、由简到繁和循序渐进的原则，通过复合作业

第4章 磨 工

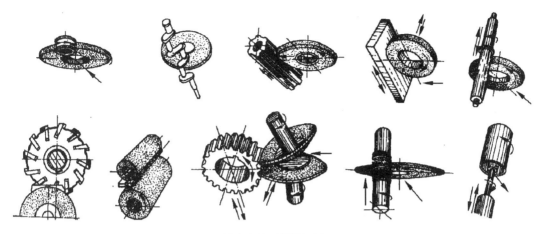

图 4.1.1 磨削加工

课程教学，使学生循序渐进地学习和掌握各项操作技能。因磨床类型较多，有些课程受机床设备少的限制而不能同时实训，在教学的具体过程中可进行适当的转换实训，从而保证课程教学任务的完成。

为了使学生毕业后，到工厂中能圆满完成生产任务，确实达到中级技术等级工人的操作水平，实训教学大纲规定，实训课分两个阶段进行：第一阶段为基本操作技能训练；第二阶段结合生产，为工件进行批量加工，以提高学生的操作熟练程度。

3. 安全生产要求

①必须正确安装、紧固砂轮和装好砂轮防护罩。

②机床各传动部位必须装有防护罩壳。

③磨削前，砂轮应经过数分钟空运转试验，确定运转正常后，才能开始工作。磨削时，操作者站立位置应避开砂轮正面，以防砂轮产生意外损坏时伤人。

④开车前，必须调整好行程挡铁的位置，并将其紧固，以免挡铁松动而使工作台超越限程，致使砂轮碰撞夹头、卡盘或尾座，引起砂轮碎裂或工件弹出。

⑤准备磨削之前，必须细心地检查工件中心孔是否正确，工件装夹是否紧固、稳妥。

⑥测量工件或调整机床都应在砂轮退刀位置和磨床头架停转后进行。严禁在旋转的工件上或在砂轮运转的附近做清洁工作，以防发生事故。

⑦每日工作完毕后，工作台面应停留在床身的中间位置，并将所有的操纵手柄处于"停止"或"退出"位置。

⑧严禁两人同时操作一台机床，以免由于动作不协调而产生意外事故。

4. 文明生产要求

文明生产是工厂管理的一项十分重要的内容，它将直接影响产品的质量，降低设备和工、夹、量具的使用寿命，影响工人的技能发挥和安全。作为培养高技能人才的高职院校，在训练学生基本操作技能的同时，要重视培养学生文明生产的习惯。

做好文明生产应做到以下几点：

①合理组织工作位置，保持机床周围场地整洁，机床附近不允许堆放杂物。

②工具箱内要保持整洁，各类工具应按照大小和用途有条不紊地放在固定位置上。

③爱护图样和工艺文件，保持整洁完好，不允许在图样上堆放工具或零件，图样应

挂在工具箱的图夹上。要爱护工、夹、量具，使用以后要擦净涂油，安放妥当。

④已加工和待加工的工件不要混杂堆放，精磨好的工件应放在专用的器具内，已加工的工件表面不能有划伤的痕迹。工件加工完毕后，应将表面擦干净，并涂上防锈油。

⑤下班前，应清除机床内及周围的磨屑和切削液，擦净后在工作台面上涂一层较薄的润滑油。

⑥下班之前要认真做好结束工作，把实训场地打扫干净，切断机床总电源，关掉工厂照明灯，关好门窗，经老师同意后才能离开工厂。

5. 磨床实操实践

①机床各传动部位必须装有_____。

②必须正确_____、_____砂轮和装好砂轮_____。

③开车前，必须调整好_____的位置，并将其紧固。

④准备磨削之前，必须细心地检查工件_____是否正确，工件_____是否紧固、稳妥。

⑤测量工件或调整机床都应在_____和_____后进行。严禁在旋转的工件上或在砂轮运转的附近做清洁工作，以防发生事故。

⑥每日工作完毕后，工作台面应停留在床身的中间位置，并将所有的操纵手柄处于"_____"或"_____"位置。

⑦合理组织工作位置，保持机床周围_____，机床附近不允许_____。

⑧已加工和待加工的工件不要_____，精磨好的工件应放在专用的器具内，已加工的工件表面不能有_____。工件加工完毕后，应将表面擦干净，并涂上_____。

⑨冷却液有四个作用：_____、_____、_____、_____。

⑩为保证千分尺的使用精度，必须对其进行_____检定。

组织实施

任务分配表

项目	姓名（负责人）						扣分情况
安全规程收集	学习委员（由学习委员通知收集，各组组长配合，收齐各组资料交由学习委员）						
人员分组安排	第一组（工位号）	第二组（工位号）	第三组（工位号）	第四组（工位号）	第五组（工位号）	第六组（工位号）	组长10分、组员5分
总组长：	组长：	组长：	组长：	组长：	组长：	组长：	
班长：	组员：	组员：	组员：	组员：	组员：	组员：	
安全员安排	班长（出现问题，一次扣10分）						
卫生安排	生活委员及各组组长（厂房地面、机床、工具箱台面、教室卫生等。卫生打扫不到位，一次扣生活委员及组长10分，组员扣5分），有生活委员安排打扫卫生的组（轮换）						

续表

项目	姓名（负责人）	扣分情况
安全规程收集	学习委员（由学习委员通知收集，各组组长配合，收齐各组资料交由学习委员）	
机床设备使用登记本	由学习委员安排组长负责	
教学交接记录本	教师	
上交实习日记	学习委员	
护目镜发放，工作服巡视检查（每天不定时）	班长（班长负责护目镜发放，班长、副班长同时每天不定时检查工作服、帽、护目镜的穿戴情况，一次不合格者，扣10分）	
高度尺、卡尺、千分尺的发放（每天）	学习委员收发（每次实训完，要收回办公室并检查是否完好，出现问题由个人负责，扣10分）	
损坏保修	班长	
交学生日志卡	考勤班长	
视频播放	团支书（每天定时定点播放视频）	
安全考试安排	学习委员（主要是管理好纪律）	
发放和收集实习报告、填写老师和学生考勤日志卡	考勤班长和学习委员（做到认真负责）	
机床保养	班长及全班学生	

设备日常点检表

设备日常点检表										
普通机械加工中心设备日常点检表						日期		指导教师1		
学号：		姓名：	设备名称：				实训区域		指导教师2		
序号	点检内容			基准	方法	周期	设备型号		设备编号	
^^	○ 开动中 ● 停止			^^	^^	^^	检查日期			
1	清扫	●	机床顶部	无灰尘、油污	目视、触摸	班	第一天	第二天	第三天	第四天	第五天
2	^^	●	移动工作台	无杂物、铁屑	目视、触摸	班					
3	^^	●	机床底座、四周	无油污、杂物	目视、触摸	班					
4	^^	●	电动机外表	无油污、杂物	目视、触摸	班					
5	加油	●	润滑油油标	油量达到2/3	目视	班	第一天	第二天	第三天	第四天	第五天
6	^^	●	冷却润滑	冷却液充足	目视	班					
7	^^	●	导轨润滑	移动进给灵活	目视、手拭	班					
8	点检	○	齿轮箱	无变形、固定牢靠	目视	班					
9	^^	○	各轴	运动正常	目视	班					
10	^^	○	按钮和指示灯	无损坏、松动	手拭	班					
11	^^	●	柜外表	无油污、灰尘	目视、触摸	班					
12	^^	○	显示屏	程序运行正常	目视、触摸	班					
13	^^	○	油管	无破损、无漏油	目视	班					

续表

设备日常点检表							
普通机械加工中心设备日常点检表					日期	指导教师1	
学号：	姓名：	设备名称：			实训区域	指导教师2	
序号	点检内容 ○ 开动中 ● 停止	基准	方法	周期	设备型号	设备编号	
					检查日期		
不正常时，通知相关维修人员并填写保修单	1. 点检人签名						
	2. 点检人签名						
	注：（1）点检情况按颜色填入表格，良好"√"、故障"▲"；（2）工作中，如设备发生故障，在相应格中打"×"标记；（3）每天一小格。						

任务评价

填写评价表

工作任务评价表				
任务名称：		班级： 小组： 姓名：	指导教师： 日　　期：	
评价项目	评价标准	评价方式	权重	小计
		1. 护目镜、衣扣、袖口系紧；2. 量具使用完后放回量具盒；3. 机床、工具箱台面清理；4. 高度尺使用完后收回办公室；5. 机床设备使用登记本填写；6. 教室、厂房清理		
职业素养	1. 遵守实训规章制度 2. 严格执行"6S"管理 3. 遵守安全生产规定 4. 组织协作能力		0.3	

续表

工作任务评价表					
任务名称：		班级： 小组： 姓名：		指导教师： 日　期：	
评价项目	评价标准	评价方式		权重	小计
^	^	1. 护目镜、衣扣、袖口系紧；2. 量具使用完后放回量具盒；3. 机床、工具箱台面清理；4. 高度尺使用完后收回办公室；5. 机床设备使用登记本填写；6. 教室、厂房清理		^	^
专业能力	1. 理解装配要求并制订正确的装配工艺 2. 正确、合理选用工、量具 3. 操作准确、规范 4. 分析判断准确 5. 任务完成质量好			0.5	
创新能力	1. 任务过程中主动分析、解决问题 2. 合理组织任务实施			0.2	
合计					

🔄 个人总结

4.2　外圆磨床的操纵与调整

🔄 任务描述

根据任务要求熟练掌握外圆磨床的基本操作方法与注意事项。

🔄 任务要求

①熟悉外圆磨床主要部件的名称和作用。

②掌握外圆磨床各手柄和电器按钮的使用方法。

③掌握外圆磨床日常维护和保养要求。

理论知识

1. 外圆磨床各组成部件名称和作用

外圆磨床如图 4.2.1 所示。

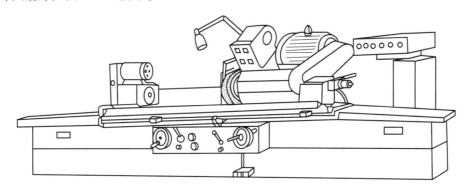

图 4.2.1 外圆磨床

（1）床身

床身是一个箱形铸件，用于支撑磨床的各个部件。床身上有纵向和横向两组导轨：纵向导轨上装有工作台，横向导轨上装有砂轮架。床身内有液压传动装置和机械传动机构。床身前侧面有纵、横向运动操纵手轮，液压运动操纵手柄，旋转及电器按钮箱。

（2）工作台

工作台由上工作台和下工作台两部分组成。

上工作台安放在下工作台上，可相对于下工作台进行回转，顺时针方向可转 3°，逆时针方向可转 6°。上工作台的台面上有 T 形槽，通过螺栓安装和固定头架与尾座。

工作台底面导轨与床身纵向导轨配合，由液压传动装置或机械操纵机构带动工件做纵向运动。在下工作台前侧面的 T 形槽内，装有两块行程挡铁，调整挡铁位置，可控制工作台的行程和位置。

（3）头架

头架由底座、壳体、主轴及传动变速装置等组成。头架壳体可绕定位柱在底座上回转，按加工需要可在逆时针方向 0°~90°范围做任意角度的调整。双速电动机装在壳体顶部。头架通过两个 L 形螺栓紧固在工作台上，松开螺栓，可在工作台面上移动。头架主轴上可安装顶尖或卡盘，用来装夹和带动工件旋转；主轴间隙的调整量为 0~0.01 mm。

头架变速可通过推拉变速捏手及改变双速电动机转速来实现。

（4）尾座

尾座由壳体、套筒和套筒往复机构等组成。尾架套筒内装有顶尖，用于装夹工件。装卸工件时，可转动手柄或踏尾座操纵板，实现套筒的往复运动。尾座通过 L 形螺栓紧固在工作台上，松开螺栓，尾座可在工作台上移动。

（5）砂轮架

砂轮架由壳体、主轴、内圆磨具及滑鞍等组成。外圆砂轮安装在主轴上，由单独电动机经三角皮带传动进行旋转。壳体可在滑鞍上做±30°回转。滑鞍安装在床身横导轨上，可做横向进给运动。内圆磨具支架的底座装在砂轮架壳体的盖板上，支架壳体可绕与底座固定的心轴回转，当需要进行内圆磨削时，将支架壳体翻下，通过两个球头螺钉和两个具有球面的支块支撑在砂轮架壳体前侧搭子面上，或经液压传动装置使砂轮架做横向运动。

2. 外圆磨床的操纵

（1）工作台的操纵

1）手动操纵

转动工作台，纵向移动手轮，工作台做纵向运动。手轮顺时针方向旋转，工作台向右移动。手轮每转一周，工作台移动 5.9 mm。

2）液动操纵

①按油泵启动按钮，使油泵运转。

②调整工作台换向挡铁的位置，控制工作台的纵向行程和运动位置。

③转动工作台液压传动开停手柄至"开"的位置，再转动工作台速度调整旋钮，使工作台做无级调速运动。

④转动工作台油压筒放气旋钮至"开"的位置，油压筒开始放气，发出放气声，当声音全部消失后，将按钮关闭。

⑤转动工作台换向停留调节旋钮，砂轮在换向时，可做一定时间的停留。

（2）砂轮架横向进给的操纵

1）砂轮架手动进给操纵

转动横向进给手轮，砂轮架做横向进给；手轮顺时针方向旋转，砂轮架向前进给（朝操作者方向）；手轮逆时针方向旋转，砂轮架后退。

拉出粗、细进给选择拉杆，手轮转动时为细进给，手轮转一圈，砂轮架移动 0.5 mm；推进拉杆，手轮转动时为粗进给，手轮转一圈，砂轮架移动 2 mm。

拉出砂轮磨损补偿旋钮，转动刻度盘，可调整零位，使手轮撞块与砂轮架横向进给手轮定位块碰住，调整完毕后，将旋钮推进。

2）砂轮架周期自动进给操纵

调节转动周期进给选择按钮至单向（左或右）或双向进给位置，砂轮换向后，做自动横向进给。转动自动周期进给量调节旋钮，可控制周期进给量，进给量可在 0~0.02 mm 范围选择。

3）砂轮架快速进退操纵

在油泵启动以后，逆时针方向转动手柄至工作位置，砂轮架快速行进；顺时针方向转动手柄至退出位置，砂轮架快速退出；行进或退出的距离为 50 mm。操纵该手柄，便于装卸和测量工件。

（3）头架的操纵

M1432B 型万能外圆磨床头架在变速机构上做了较大改进，将手换皮带变速改为变速捏手进行变速，变速更方便、迅速，减小了劳动强度。在变速捏手上涂有 3 条表示不同转速的色带，操纵时，只要推进或拉出捏手，使所需转速的色带对准标尺即可。头架电动机为双速电动机，通过速度选择旋钮进行变速操作。这样，该机床头架共有 6 挡旋转速度可供选择使用。

当机床头架使用顶尖进行磨削加工时,顶尖不可与工件同时旋转,这时应将头架主轴间隙调整捏手转至间隙缩小位置;当机床头架使用卡盘进行磨削加工时,应将头架主轴间隙放大,使主轴随卡盘同时旋转。间隙调整范围为 $0 \sim 0.01$ mm。

(4) 尾架的操纵

1) 手动操纵

移动手柄,可使尾架套筒往复运动,便于工件的装卸。旋转手柄,可调整尾架弹簧的压力,顺时针旋转压力加大,逆时针旋转压力减小。

2) 液压脚踏操纵

当工件体积较大或质量较大,需用双手托拿时,可脚踏液动踏板,使尾座套筒回缩,脚离开操纵板,套筒自动伸出顶住工件。操纵时,手柄应处于退出位置,否则,脚踏操纵板不起作用。

(5) 电器按钮的操纵

砂轮有启动按钮和停止按钮,操纵时,应采用断续开停的方法启动砂轮,以使砂轮从静止逐渐转入高速旋转。有一个旋钮为头架电动机开停、快速、慢速选择按钮,操纵时,手柄应处在工作位置,否则不起作用。还有一个旋钮为冷却泵电动机开停联动选择旋钮,当旋钮处于停止位置时,只有在头架转动时,冷却泵才能工作;当旋钮转到开动位置时,只有在头架停转时,冷却泵才能工作。另外,还有一个总停按钮,在紧急情况下使用。

3. 外圆磨床的日常保养

磨床的日常保养对磨床的精度、使用寿命有很大的影响,也是文明生产的主要内容。保养时,必须做到以下几点:

①熟悉外圆磨床的性能、规格、各操纵手柄位置及其操作具体要求,正确、合理地使用磨床。

②工作前,应检查磨床各部位是否正常,若有异常现象,应及时修理,不能使机床"带病"工作。

③严禁在工作台上放置工具、量具、工件及其他物件,以防工作台台面被损伤。不能用铁锤敲击机床各部位及安装在机床上的夹具和工件,以免损坏磨床和影响磨床精度。

④装卸体积或质量较大的工件时,应在工作台台面上放置木板,以防损害工作台台面。

⑤移动头架和尾座时,应先擦干净工作台台面和前侧面,并涂一层润滑油,以减小头架或尾座与工作台台面的摩擦,以防磨损滑动面。启动砂轮前,应检查砂轮架主轴箱内的润滑油是否达到油标规定的位置。启动砂轮时,可先采用点动,待运转正常而无异声后,方可启动砂轮。

⑥启动工作台前,应检查床身导轨面上是否清洁,是否有适量的润滑油。

⑦保持磨床外观的清洁。

⑧离开磨床时,必须停车和切断电源。

⑨尾架座上有两个油孔,每班注上润滑油 1~2 次。

⑩实训课结束后,应清除磨床上的铁屑,擦去留存的切削液,擦拭磨床的外形,并在工作台面、顶尖及尾架套筒上涂油。

4. 操作实践

(1) 手动操纵练习

①启用工作台前，需要检查_____是否清洁，是否有适量的_____。

②用_____（左手、右手）转动手轮，工作台_____（快速、慢速）均匀移动，动作自如。

③用_____（左手、右手）转动手轮，砂轮架_____（快速、慢速）均匀移动，动作自如。

④手动操纵练习时，注意力要集中，避免_____与_____、_____相撞。

（2）液压传动操纵练习

①操纵_____、_____，练习工作台的启动和调速。

②操纵手柄，练习砂轮架的快速_____和_____。

③液压启动工作时，应调整好行程_____位置并予以紧固。

④砂轮架快速进退时，要注意避免_____和_____相撞。

组织实施

任务分配表

项目	姓名（负责人）						扣分情况
安全规程收集	学习委员（由学习委员通知收集，各组组长配合，收齐各组资料交由学习委员）						组长10分、组员5分
人员分组安排 总组长： 班长：	第一组（工位号） 组长： 组员：	第二组（工位号） 组长： 组员：	第三组（工位号） 组长： 组员：	第四组（工位号） 组长： 组员：	第五组（工位号） 组长： 组员：	第六组（工位号） 组长： 组员：	
安全员安排	班长（出现问题，一次扣10分）						
卫生安排	生活委员及各组组长（厂房地面、机床、工具箱台面、教室卫生等。卫生打扫不到位，一次扣生活委员及组长10分，组员扣5分），有生活委员安排打扫卫生的组（轮换）						
机床设备使用登记本	由学习委员安排组长负责						
教学交接记录本	教师						
上交实习日记	学习委员						
护目镜发放，工作服巡视检查（每天不定时）	班长（班长负责护目镜发放，班长、副班长同时每天不定时检查工作服、帽、护目镜的穿戴情况，一次不合格者，扣10分）						

续表

项目	姓名（负责人）	扣分情况
安全规程收集	学习委员（由学习委员通知收集，各组组长配合，收齐各组资料交由学习委员）	
高度尺、卡尺、千分尺的发放（每天）	学习委员收发（每次实训完，要收回办公室并检查是否完好，出现问题由个人负责，扣10分）	
损坏保修	班长	
交学生日志卡	考勤班长	
视频播放	团支书（每天定时定点播放视频）	
安全考试安排	学习委员（主要是管理好纪律）	
发放和收集实习报告、填写老师和学生考勤日志卡	考勤班长和学习委员（做到认真负责）	
机床保养	班长及全班学生	

设备日常点检表

设备日常点检表									
普通机械加工中心设备日常点检表						日期		指导教师1	
学号：	姓名：		设备名称：			实训区域		指导教师2	
序号	点检内容 ○ 开动中 ● 停止		基准	方法	周期	设备型号 检查日期		设备编号	
1	清扫	●	机床顶部	无灰尘、油污	目视、触摸	班	第一天	第二天	第三天	第四天	第五天
2		●	移动工作台	无杂物、铁屑	目视、触摸	班					
3		●	机床底座、四周	无油污、杂物	目视、触摸	班					
4		●	电动机外表	无油污、杂物	目视、触摸	班					

续表

设备日常点检表									
普通机械加工中心设备日常点检表						日期		指导教师1	
学号：		姓名：	设备名称：			实训区域		指导教师2	
序号	点检内容 ○ 开动中 ● 停止		基准	方法	周期	设备型号		设备编号	
						检查日期			
5	加油	●	润滑油油标	油量达到2/3	目视	班	第一天	第二天	第三天	第四天	第五天
6		●	冷却润滑	冷却液充足	目视	班					
7		●	导轨润滑	移动进给灵活	目视、手拭	班					
8	点检	○	齿轮箱	无变形、固定牢靠	目视	班					
9		○	各轴	运动正常	目视	班					
10		○	按钮和指示灯	无损坏、松动	手拭	班					
11		●	柜外表	无油污、灰尘	目视、触摸	班					
12		○	显示屏	程序运行正常	目视、触摸	班					
13		○	油管	无破损、无漏油	目视	班					
不正常时，通知相关维修人员并填写保修单	1. 点检人签名								
	2. 点检人签名								
	注：(1) 点检情况按颜色填入表格，良好"√"、故障"▲"；(2) 工作中，如设备发生故障，在相应格中打"×"标记；(3) 每天一小格。								

任务评价

填写评价表

工作任务评价表				
任务名称：	班级： 小组： 姓名：		指导教师： 日　　期：	
评价项目	评价标准	评价方式	权重	小计
		1. 护目镜、衣扣、袖口系紧；2. 量具使用完后放回量具盒；3. 机床、工具箱台面清理；4. 高度尺使用完后收回办公室；5. 机床设备使用登记本填写；6. 教室、厂房清理		
职业素养	1. 遵守实训规章制度 2. 严格执行"6S"管理 3. 遵守安全生产规定 4. 组织协作能力		0.3	
专业能力	1. 理解装配要求并制订正确的装配工艺 2. 正确、合理选用工、量具 3. 操作准确、规范 4. 分析判断准确 5. 任务完成质量好		0.5	
创新能力	1. 任务过程中主动分析、解决问题 2. 合理组织任务实施		0.2	
合计				

4.3　外圆工件装夹与试磨

任务描述

根据任务要求熟练掌握外圆工件装夹与试磨的基本操作方法和使用注意事项。

任务要求

①了解工件中心孔的使用要求。
②掌握顶尖的选择和安装方法。

③掌握用顶尖装夹工件的方法。
④掌握外圆的试磨方法。

理论知识

1. 顶尖的选择和安装

（1）顶尖的作用

顶尖用来装夹工件、决定工件的回转轴线、承受工件的重力和磨削时的磨削力。

（2）顶尖的结构和种类

顶尖的结构和种类如图4.3.1所示。

1）顶尖的结构

顶尖的头部为60°圆锥体。与工件中心孔相配合，起着支撑工件的作用，中间为过渡圆柱，尾部为莫氏锥体，与头架主轴锥孔或尾座套筒锥孔相配合，固定在头架或尾座上。

2）顶尖的种类

①按顶尖的形状和用途，分为全顶尖、半顶尖、大头顶尖和阴顶尖。

②按顶尖的材料，分为高速钢顶尖和硬质

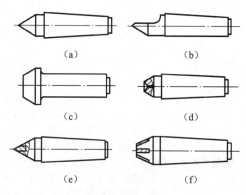

图 4.3.1　顶尖

合金顶尖。高速钢顶尖强度好，但耐磨性差；硬质合金顶尖耐磨性好，但强度差，经不起冲击，容易折断。

③按顶尖尾部（莫氏圆锥）的尺寸大小，分为2号、3号、4号、5号和6号莫氏圆锥。

（3）顶尖的安装和拆卸

安装时，应先将顶尖的尾部及头架、尾座的锥孔表面擦干净，然后将顶尖放入锥孔内，用力推紧。拆卸时，右手握住顶尖，左手将一根细铁棒插入头架主轴孔内，用力冲击顶尖尾部，使顶尖从锥孔内脱出。

2. 工件中心孔的使用要求

中心孔的形状有三种，如图4.3.2所示。

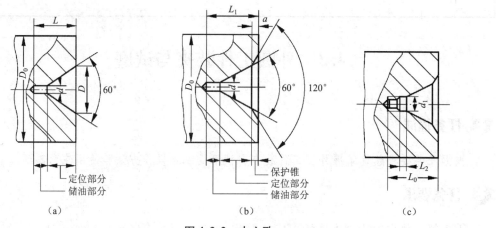

图 4.3.2　中心孔

(a) 普通中心孔；(b) 有保护锥的中心孔；(c) 带有螺孔的中心孔

①普通中心孔，由圆锥孔和圆柱孔两部分组成。60°圆锥孔与顶尖60°圆锥面配合，起定中心和承受切削力、工件重力的作用。圆锥孔前端的小圆柱孔，可防止顶尖尖端产生干涩，使圆锥孔与顶尖圆锥面有良好的接触，并可储存润滑剂，减少顶尖与中心孔的摩擦。

②有保护锥的中心孔，用于保护60°圆锥孔边缘，免受碰伤。

③带有螺孔的中心孔，供旋入钢塞头，以长期保护中心孔。

中心孔在外圆磨削中占有非常重要的地位。60°圆锥孔的质量将直接影响工件磨削的质量。为了保证工件的磨削质量，对中心孔有以下要求：

①60°圆锥孔表面应光滑，无毛刺、划痕、碰伤等。

②中心孔的大小应与工件直径大小相适应。

③60°圆锥孔的角度要正确，小圆柱孔应有足够深度，避免产生缺陷。

3. 夹头

夹头如图4.3.3所示。夹头的作用是带动工件旋转，常用的夹头有：环形夹头和鸡心夹头，这两种都是用一个螺钉直接夹紧工件，使用方便，制作简单，但夹紧力小；方形夹头，用两个螺钉对合夹紧，夹紧力大，用于夹紧较大的工件。

夹头的大小应根据工件直径大小来选择，夹头内径比工件直径略大一些。若夹头内径太大，夹头中心产生偏离，磨削时产生离心力，影响磨削质量；同时，夹紧螺钉也容易松动。

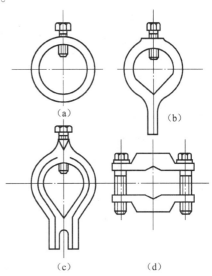

图4.3.3 夹头

(a) 环形夹头；(b) (c) 鸡心夹头；

(d) 方形夹头

4. 用二顶尖装夹工件

用二顶尖装夹工件，装卸方便、迅速，加工精度高，如图4.3.4所示。

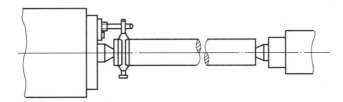

图4.3.4 外圆试磨

装夹步骤如下。

①根据工件中心孔的尺寸和形状选择合适的顶尖，安装在头架和尾座的锥孔内。

②根据工件的长度调整头架和尾座的距离，并紧固。检查尾座顶尖的顶紧力，转动工件顶紧压力调节捏手，使工件的顶紧力松紧适度。

③用夹头夹紧工件的一端，必要时可垫上铜片，以保护工件无夹持痕迹。

④用棉丝擦干净工件中心孔，并注入润滑油或润滑脂。

⑤左手托住工件，将工件有夹头一端中心孔支撑在头架顶尖上（工件较重时，可用双手托住工件）。

⑥用手扳动手柄或脚踏尾座套筒液动踏板，使套筒收缩，然后将工件右端靠近尾座顶尖中心，放松手柄或踏板，使套筒逐渐伸出，然后将顶尖慢慢引入中心孔内，顶紧工件。

⑦调整拨杆位置，使拨杆能带动夹头旋转。

⑧揿头架点动按钮，检查工件旋转情况，运转正常后再进行磨削。

5. 外圆试磨

外圆试磨的具体步骤如下：

①检查机床各手轮、手柄和旋转均在停止或后退位置，然后闭合电源引入开关，接通电源。

②揿油泵启动按钮，使油泵运转。

③根据工件直径，选择头架转速。

④转动头架主轴间隙调整捏手，收紧主轴间隙。

⑤调整尾座位置，用二顶尖装夹好工件。

⑥转动工作台速度调节按钮，调整到所需速度。再根据工件磨削所需行程，调整工作台换向挡铁的位置，使砂轮在工件磨削行程范围内来回移动。

⑦转动砂轮架快速进退手柄至引进位置，使头架拨杆带动工件旋转。

⑧揿砂轮电动机启动按钮，使砂轮运转，移动工作台，使砂轮处于工件一端，转动砂轮架横向进给手轮，将砂轮引向工件。

⑨移动工作台，使砂轮处于工件另一端，扳动手柄，使砂轮架快速引进，转动手轮缓慢进给。当砂轮磨到工件后，根据二次磨削刻度值误差，转动工作台角度调整螺杆，使上工作台角度做微量调整。

⑩经过多次对刀调整，使工件两端对刀刻度基本相同。调整冷却液开关手柄，控制冷却液的流量，砂轮在工件全长范围内进行磨削。

⑪工件全部磨出，扳动手柄，使砂轮架快速退出，卸下工件，试磨结束。

6. 操作实践

①顶尖的作用是_____。

②顶尖按照形状和用途，可分为_____种。

③在装夹工件时，用_____方法。

④根据工件直径，选择_____转速。

⑤根据工件磨削所需行程，调整工作台_____的位置。

⑥移动工作台前，使砂轮处于工件的_____（中间—端）位置。

⑦装夹工件时，_____顶尖必须顶在工件_____内。

⑧试磨时，_____要充足，以免烧伤工件。

组织实施

任务分配表

项目	姓名（负责人）						扣分情况
安全规程收集	学习委员（由学习委员通知收集，各组组长配合，收齐各组资料交由学习委员）						
人员分组安排 总组长： 班长：	第一组（工位号） 组长： 组员：	第二组（工位号） 组长： 组员：	第三组（工位号） 组长： 组员：	第四组（工位号） 组长： 组员：	第五组（工位号） 组长： 组员：	第六组（工位号） 组长： 组员：	组长10分、组员5分
安全员安排	班长（出现问题，一次扣10分）						
卫生安排	生活委员及各组组长（厂房地面、机床、工具箱台面、教室卫生等。卫生打扫不到位，一次扣生活委员及组长10分，组员扣5分），有生活委员安排打扫卫生的组（轮换）						
机床设备使用登记本	由学习委员安排组长负责						
教学交接记录本	教师						
上交实习日记	学习委员						
护目镜发放，工作服巡视检查（每天不定时）	班长（班长负责护目镜发放，班长、副班长同时每天不定时检查工作服、帽、护目镜的穿戴情况，一次不合格者，扣10分）						
高度尺、卡尺、千分尺的发放（每天）	学习委员收发（每次实训完，要收回办公室并检查是否完好，出现问题由个人负责，扣10分）						
损坏保修	班长						
交学生日志卡	考勤班长						
视频播放	团支书（每天定时定点播放视频）						

续表

项目	姓名（负责人）	扣分情况
安全规程收集	学习委员（由学习委员通知收集，各组组长配合，收齐各组资料交由学习委员）	
安全考试安排	学习委员（主要是管理好纪律）	
发放和收集实习报告、填写老师和学生考勤日志卡	考勤班长和学习委员（做到认真负责）	
机床保养	班长及全班学生	

设备日常点检表

设备日常点检表									
普通机械加工中心设备日常点检表						日期		指导教师1	
学号：		姓名：	设备名称：			实训区域		指导教师2	
序号	点检内容 ○ 开动中 ● 停止		基准	方法	周期	设备型号		设备编号	
						检查日期				
1	清扫	●	机床顶部	无灰尘、油污	目视、触摸	班	第一天	第二天	第三天	第四天	第五天
2		●	移动工作台	无杂物、铁屑	目视、触摸	班					
3		●	机床底座、四周	无油污、杂物	目视、触摸	班					
4		●	电动机外表	无油污、杂物	目视、触摸	班					
5	加油	●	润滑油油标	油量达到2/3	目视	班	第一天	第二天	第三天	第四天	第五天
6		●	冷却润滑	冷却液充足	目视	班					
7		●	导轨润滑	移动进给灵活	目视、手拭	班					

续表

设备日常点检表									
普通机械加工中心设备日常点检表						日期		指导教师1	
学号：		姓名：	设备名称：			实训区域		指导教师2	
序号	点检内容 ○ 开动中 ● 停止		基准	方法	周期	设备型号 检查日期	设备编号		
8		○	齿轮箱	无变形、固定牢靠	目视	班			
9		○	各轴	运动正常	目视	班			
10		○	按钮和指示灯	无损坏、松动	手拭	班			
11	点检	●	柜外表	无油污、灰尘	目视、触摸	班			
12		○	显示屏	程序运行正常	目视、触摸	班			
13		○	油管	无破损、无漏油	目视	班			
不正常时，通知相关维修人员并填写保修单	1. 点检人签名								
	2. 点检人签名								
	注：（1）点检情况按颜色填入表格，良好"√"、故障"▲"；（2）工作中，如设备发生故障，在相应格中打"×"标记；（3）每天一小格。								

🔄 图纸

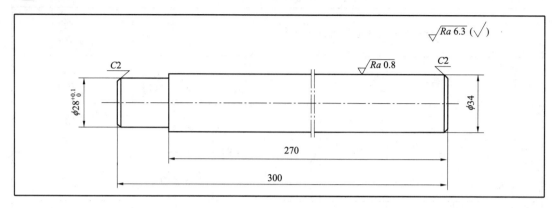

🔄 任务评价

填写评价表

工作任务评价表				
任务名称:		班级: 小组: 姓名:	指导教师: 日　期:	
评价项目	评价标准	评价方式 1. 护目镜、衣扣、袖口系紧；2. 量具使用完后放回量具盒；3. 机床、工具箱台面清理；4. 高度尺使用完后收回办公室；5. 机床设备使用登记本填写；6. 教室、厂房清理	权重	小计
职业素养	1. 遵守实训规章制度 2. 严格执行"6S"管理 3. 遵守安全生产规定 4. 组织协作能力		0.3	
专业能力	1. 理解装配要求并制订正确的装配工艺 2. 正确、合理选用工、量具 3. 操作准确、规范 4. 分析判断准确 5. 任务完成质量好		0.5	
创新能力	1. 任务过程中主动分析、解决问题 2. 合理组织任务实施		0.2	
合计				

学生姓名		总得分		检验		
学号				日期		
	项目	检测内容	配分	检测结果	得分	备注
工件考核	外观检测	有无划伤、磕碰、砸伤等	5			
	行位检测	平行度、垂直度、平面度、对称度等	5			
	尺寸检测		5			
			5			
			5			
			10			
			10			
			10			
		未列尺寸	每超差一处，扣1分			
		工具箱摆放	3			
		机床保养	2			
		安全操作	5			
		合计				
过程考核	出勤	有无迟到、早退	5			
	态度	能否遵守规则制度	5			
	工作质量	对待工作是否认真	5			
	合作	与其他岗位合作情况	5			
	机床操作	对机床熟悉程度	5			
	管理	是否服从管理	5			
	任务	能否按时完成任务	5			
	合计					

严重违反安全操作规程，屡教不改或造成重大事故者，取消实训操作资格！
尺寸超差严重者，酌情从总分中扣除20~30分。

个人总结

4.4 光轴磨削

任务描述

根据任务要求熟练掌握光轴磨削的基本操作方法与使用注意事项。

任务要求

①能合理选择磨削用量,掌握粗精磨磨削余量的选择原则。
②掌握磨削外圆表面的基本方法。
③掌握工件圆柱度的找正方法。
④掌握光轴的磨削方法。

理论知识

1. 磨削用量的选择

①磨削用量选择是否适当,对工件的加工精度、表面粗糙度和生产效率有着直接影响。选择原则是:在保证加工质量的前提下,获得最高的生产效率和消耗最低的生产成本。

a. 砂轮圆周速度的选择。主要依据工件材料、磨削方式和砂轮特性来确定。

b. 工件圆周速度的选择。工件圆周速度主要根据工件直径、横向进给量、工件材料等确定。在保证工件表面粗糙度符合要求的前提下,应使砂轮在单位时间内切除最多的金属且砂轮磨耗最少。通常工件圆周速度是按工件直径选取的,小直径的工件在磨削时转速高些,大直径的工件磨削时,转速应低些。

c. 横向进给量的选择。主要依据磨削方式、工件刚度、磨削性质、工件材料和砂轮特性等确定。

d. 纵向进给量的选择。主要依据磨削方式、工件材料和磨削性质等确定。

②粗、精磨削余量的确定。工件经粗加工、半精加工后,需在磨削工序中切除的金属层,称为磨削余量,其大小为工件磨削前与磨削后的尺寸之差。磨削余量可分为粗磨余量及研磨余量等。

合理地确定磨削余量,对提高生产效率和保证加工质量具有重要的意义。一般来说,工件形状复杂、技术要求高、工艺流程长而复杂、经热处理变形较大的工件,磨削余量应多些。例如机床主轴、细长轴、薄片等工件。

2. 外圆磨削的基本方法

外圆磨削一般是根据工件的形状大小、精度要求、磨削余量的多少和工件的刚性等来选择磨削方法。常用的磨削方法有纵向磨削法、横向磨削法、阶段磨削法和深度磨削法四种。

(1) 纵向磨削法

纵向磨削法由于横向进给量较小,因而磨削力小,磨削热少,工件加工精度高,表面粗糙度小；由于纵向行程往复一次的时间较长，横向进给量小，故生产效率较低。在日常生产中，纵向磨削法应用得最广泛，更适合细长轴的磨削。

(2) 横向磨削法

横向磨削法的特点：

①生产效率较高，适合成批生产。

②可根据成形工件的几何形状，对砂轮外圆进行修整，直接磨出成形面。

③砂轮与工件有较大的接触面积，磨削发热量大，容易使工件表面退火或烧伤，因此，磨削时，切削液供给必须充分。

④砂轮连续横向进给，工件所受压力较大，容易变形，不适合磨削细长的工件。

(3) 阶段磨削法

这种磨削方法适用于磨削余量多、刚性好的工件。

(4) 深度磨削法

这种方法适用于磨削余量多、刚性好、精度要求较低的工件。

深度磨削法的特点：

①砂轮的负荷比较均匀，可提高砂轮的使用效率和耐用度，但砂轮使用寿命会减少。

②粗、精磨在一次行程中完成，缩短了走刀次数，提高了生产效率。

3. 工件圆柱度的找正方法

在磨削外圆柱面时，要保证被磨削工件的旋转轴线与工作台纵向运动方向平行，否则，磨出的工件将产生锥度误差。

因此，调整上工作台，使工件旋转轴线与工作台纵向运动方向平行是一项十分重要并且必须掌握的操作技能。常用的调整方法如下：

(1) 目测法找正

找正步骤：

①移动工作台，使砂轮停留在工件中间位置。

②砂轮做缓慢横向进给，在砂轮接触工件产生火花的瞬间，停止砂轮的横向进给。

③观察火花疏密程度，确定调整方向，如果靠近尾架端的火花大，上工作台应顺时针方向旋转；反之，应逆时针方向旋转。

④砂轮停止磨削，退刀一圈，工件停止转动，拧松螺钉并松开压板，用扳手转动调整螺钉，使上工作台相对于下工作台进行转动。调整方向是螺钉顺时针转动，上工作台顺时针转动；反之，则逆时针转动。

⑤启动工件，重新吃刀继续找正，直至火花基本均匀为止。

这种方法调整简单、速度快，但找正误差较大，适用于粗磨时待磨表面没有锥度时的调整。

(2) 对刀找正

找正步骤：

①用横向磨削法在工件两端各磨一刀，磨圆即可。根据磨出两端外圆时横向进给手轮刻度盘的读数差值及工件两端直径的差值，判断上工作台的转动方向，然后调试。

②重新两端对刀，根据减小的误差值，继续找正，直至误差基本消除。

③启动工作台砂轮从工件直径较大端吃刀，用纵向磨削法试磨。

④工件基本磨圆后,用外径千分尺测量工件两端的直径大小,根据直径差再精细调整,使工件圆柱度符合图样要求。

用这种方法找正,误差值小,适用于精磨时调整。

(3)用标准样棒找正

找正步骤:

①将标准样棒安装在头、尾架二顶尖之间,磁性表架固定在砂轮上,百分表测量头与工件侧母线接触;摇动横向进给手轮,使百分表测量头压缩 0.2~0.3 mm。

②摇动工作台纵向进给手轮,观察百分表在样棒全长上的读数差。

③采用与对刀找正同样的方法调整上工作台的位置,直至百分表在样棒全长上的读数相同为止。

这种调整方法主要用于工件余量很少的情况下,如返修工件、超精磨工件等。

4. 操作实践

①根据_____、_____和_____来确定砂轮圆周速度。

②根据_____、_____、_____等来确定工件圆周速度。

③根据_____、_____和_____等来选择横向进给量。

④根据_____、_____和_____等来选择纵向进给量。

⑤常用的磨削方法有_____种。

⑥工件圆柱度找正的方法有_____种。

⑦调整圆柱度前,砂轮应距离工件_____(远、近)一些,防止砂轮与工件相撞。

⑧工作台纵向移动后,火花越来越大,影响磨削_____。

组织实施

任务分配表

项目	姓名(负责人)						扣分情况
安全规程收集	学习委员(由学习委员通知收集,各组组长配合,收齐各组资料交由学习委员)						组长10分、组员5分
人员分组安排 总组长 班长	第一组(工位号) 组长: 组员:	第二组(工位号) 组长: 组员:	第三组(工位号) 组长: 组员:	第四组(工位号) 组长: 组员:	第五组(工位号) 组长: 组员:	第六组(工位号) 组长: 组员:	
安全员安排	班长(出现问题,一次扣10分)						
卫生安排	生活委员及各组组长(厂房地面、机床、工具箱台面、教室卫生等。卫生打扫不到位,一次扣生活委员及组长10分,组员扣5分),有生活委员安排打扫卫生的组(轮换)						

续表

项目	姓名（负责人）	扣分情况
安全规程收集	学习委员（由学习委员通知收集，各组组长配合，收齐各组资料交由学习委员）	
机床设备使用登记本	由学习委员安排组长负责	
教学交接记录本	教师	
上交实习日记	学习委员	
护目镜发放，工作服巡视检查（每天不定时）	班长（班长负责护目镜发放，班长、副班长同时每天不定时检查工作服、帽、护目镜的穿戴情况，一次不合格者，扣10分）	
高度尺、卡尺、千分尺的发放（每天）	学习委员收发（每次实训完，要收回办公室并检查是否完好，出现问题由个人负责，扣10分）	
损坏保修	班长	
交学生日志卡	考勤班长	
视频播放	团支书（每天定时定点播放视频）	
安全考试安排	学习委员（主要是管理好纪律）	
发放和收集实习报告、填写老师和学生考勤日志卡	考勤班长和学习委员（做到认真负责）	
机床保养	班长及全班学生	

设备日常点检表

设备日常点检表									
普通机械加工中心设备日常点检表						日期		指导教师1	
学号：		姓名：	设备名称：			实训区域		指导教师2	
序号	点检内容 ○ 开动中 ● 停止		基准	方法	周期	设备型号		设备编号	
^^^	^^^	^^^	^^^	^^^	^^^	检查日期			
1	清扫	●	机床顶部	无灰尘、油污	目视、触摸	班	第一天	第二天	第三天	第四天	第五天
2	^^^	●	移动工作台	无杂物、铁屑	目视、触摸	班					
3	^^^	●	机床底座、四周	无油污、杂物	目视、触摸	班					
4	^^^	●	电动机外表	无油污、杂物	目视、触摸	班					
5	加油	●	润滑油油标	油量达到2/3	目视	班	第一天	第二天	第三天	第四天	第五天
6	^^^	●	冷却润滑	冷却液充足	目视	班					
7	^^^	●	导轨润滑	移动进给灵活	目视、手拭	班					
8	点检	○	齿轮箱	无变形、固定牢靠	目视	班					
9	^^^	○	各轴	运动正常	目视	班					
10	^^^	○	按钮和指示灯	无损坏、松动	手拭	班					
11	^^^	●	柜外表	无油污、灰尘	目视、触摸	班					
12	^^^	○	显示屏	程序运行正常	目视、触摸	班					
13	^^^	○	油管	无破损、无漏油	目视	班					

续表

设备日常点检表								
普通机械加工中心设备日常点检表					日期		指导教师1	
学号:		姓名:	设备名称:		实训区域		指导教师2	
序号	点检内容 ○ 开动中 ● 停止		基准	方法	周期	设备型号		设备编号
						检查日期		
不正常时,通知相关维修人员并填写保修单	1. 点检人签名							
	2. 点检人签名							
	注:(1)点检情况按颜色填入表格,良好"√"、故障"▲";(2)工作中,如设备发生故障,在相应格中打"×"标记;(3)每天一小格。							

图纸

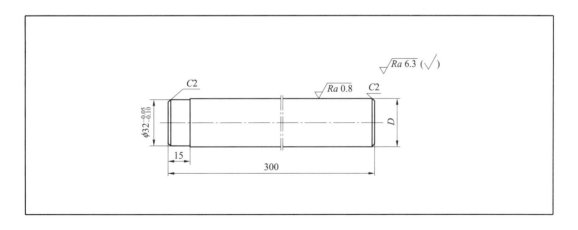

任务评价

填写评价表

<table>
<tr><td colspan="6" align="center">工作任务评价表</td></tr>
<tr><td colspan="2">任务名称：</td><td colspan="2">班级：
小组：
姓名：</td><td colspan="2">指导教师：
日　　期：</td></tr>
<tr><td rowspan="2">评价项目</td><td rowspan="2">评价标准</td><td colspan="2">评价方式</td><td rowspan="2">权重</td><td rowspan="2">小计</td></tr>
<tr><td colspan="2">1. 护目镜、衣扣、袖口系紧；2. 量具使用完后放回量具盒；3. 机床、工具箱台面清理；4. 高度尺使用完后收回办公室；5. 机床设备使用登记本填写；6. 教室、厂房清理</td></tr>
<tr><td>职业素养</td><td>1. 遵守实训规章制度
2. 严格执行"6S"管理
3. 遵守安全生产规定
4. 组织协作能力</td><td colspan="2"></td><td>0.3</td><td></td></tr>
<tr><td>专业能力</td><td>1. 理解装配要求并制订正确的装配工艺
2. 正确、合理选用工、量具
3. 操作准确、规范
4. 分析判断准确
5. 任务完成质量好</td><td colspan="2"></td><td>0.5</td><td></td></tr>
<tr><td>创新能力</td><td>1. 任务过程中主动分析、解决问题
2. 合理组织任务实施</td><td colspan="2"></td><td>0.2</td><td></td></tr>
<tr><td>合计</td><td colspan="5"></td></tr>
</table>

<table>
<tr><td colspan="2">学生姓名</td><td></td><td rowspan="2" colspan="2">总得分</td><td rowspan="2"></td><td>检验</td><td colspan="3"></td></tr>
<tr><td colspan="2">学号</td><td></td><td>日期</td><td colspan="3"></td></tr>
<tr><td rowspan="3">工件考核</td><td colspan="2">项目</td><td colspan="2">检测内容</td><td>配分</td><td>检测结果</td><td colspan="2">得分</td><td>备注</td></tr>
<tr><td colspan="2">外观检测</td><td colspan="2">有无划伤、磕碰、砸伤等</td><td>5</td><td></td><td colspan="2"></td><td></td></tr>
<tr><td colspan="2">行位检测</td><td colspan="2">平行度、垂直度、平面度、对称度等</td><td>5</td><td></td><td colspan="2"></td><td></td></tr>
</table>

续表

学生姓名		总得分			检验	
学号					日期	
工件考核	项目	检测内容	配分	检测结果	得分	备注
	尺寸检测		5			
			5			
			5			
			10			
			10			
			10			
		未列尺寸	每超差一处，扣1分			
		工具箱摆放	3			
		机床保养	2			
		安全操作	5			
	合计					
过程考核	项目	检测内容	配分	检测结果	得分	备注
	出勤	有无迟到、早退	5			
	态度	能否遵守规则制度	5			
	工作质量	对待工作是否认真	5			
	合作	与其他岗位合作情况	5			
	机床操作	对机床熟悉程度	5			
	管理	是否服从管理	5			
	任务	能否按时完成任务	5			
	合计					

严重违反安全操作规程，屡教不改或造成重大事故者，取消实训操作资格！
尺寸超差严重者，酌情从总分中扣除20~30分。

个人总结

4.5 阶台轴磨削

任务描述

根据任务要求熟练掌握阶台轴磨削的基本操作方法与使用注意事项。

任务要求

①掌握阶台轴磨削方法。
②掌握阶台轴位置公差的测量方法。

理论知识

1. 阶台轴的磨削方法

（1）阶台外圆的磨削方法

当磨削长度小于砂轮宽度时，可采用横向磨削法。为了解决磨粒切痕单一的缺陷，精磨至最后应使工件做短距离纵向运动。其步骤如下：

①调整好挡铁，左端挡铁调整到使砂轮左端面在工件退刀槽内，如没有退刀槽，则可先手动在近工件端面旁用横向磨削法磨去大部分余量，留 0.05 mm 左右的精磨量，然后调整好挡铁。

②用纵向磨削法磨外圆，留 0.05 mm 左右的精磨量。

③调整工作台左面挡铁，在工件全长上精磨至要求。

（2）阶台轴端面的磨削方法

①带退刀槽轴肩端面的磨削方法。轴肩在磨好外圆后，砂轮横向稍微退出 0.1 mm 左右，手摇工作台，使砂轮端面逐渐与工件端面接触，并做间断的纵向进给。待端面磨出后，在原位置稍做停留再退出，以保证端面质量。

②带圆角轴肩的磨削方法。轴肩在磨削时，应将砂轮尖角修成所要求的圆弧。磨削时，可用横向磨削法粗磨外圆，留 0.03~0.05 mm 余量，将砂轮横向退出一段距离，再用手摇动工作台磨端面，磨削至图样要求，横向做缓慢进给，直至外圆磨到图样要求为止。

（3）阶台轴磨削顺序的确定

①根据工件形状，先在长度最长的阶台处校正圆柱度。

②根据工件直径，先磨直径大的外圆，有利于磨削安全。

③根据工件位置精度，先磨精度要求低的外圆，后磨精度高的外圆，以保证工件的精度要求。

2. 阶台轴位置公差的测量方法

①同轴度的测量方法。
②端面全跳动的测量方法。
③阶台轴位置公差的测量。

3. 操作实践

①当磨削长度小于砂轮宽度时，可采用_____法。

②用纵向法磨削外圆时，留_____ mm 左右的精度量。

③根据工件形状，先在_____（长度最长、长度最短）的阶台校正圆柱度。

④根据工件直径，先磨直径_____（大、小）的外圆，有利于磨削安全。

⑤根据工件位置精度，先磨精度要求_____（高、低）的外圆，后磨精度要求_____（高、低）的外圆，以保证工件的精度要求。

⑥阶台轴位置公差的测量方法有_____种。

⑦在检测阶台轴位置公差时，用_____测量工具。

⑧磨削时，_____要保持充分。

组织实施

任务分配表

项目	姓名（负责人）						扣分情况
安全规程收集	学习委员（由学习委员通知收集，各组组长配合，收齐各组资料交由学习委员）						
人员分组安排 总组长： 班长：	第一组（工位号） 组长： 组员：	第二组（工位号） 组长： 组员：	第三组（工位号） 组长： 组员：	第四组（工位号） 组长： 组员：	第五组（工位号） 组长： 组员：	第六组（工位号） 组长： 组员：	组长10分、组员5分
安全员安排	班长（出现问题，一次扣10分）						
卫生安排	生活委员及各组组长（厂房地面、机床、工具箱台面、教室卫生等。卫生打扫不到位，一次扣生活委员及组长10分，组员扣5分），有生活委员安排打扫卫生的组（轮换）						
机床设备使用登记本	由学习委员安排组长负责						
教学交接记录本	教师						
上交实习日记	学习委员						
护目镜发放，工作服巡视检查（每天不定时）	班长（班长负责护目镜发放，班长、副班长同时每天不定时检查工作服、帽、护目镜的穿戴情况，一次不合格者，扣10分）						

续表

项目	姓名（负责人）	扣分情况
安全规程收集	学习委员（由学习委员通知收集，各组组长配合，收齐各组资料交由学习委员）	
高度尺、卡尺、千分尺的发放（每天）	学习委员收发（每次实训完，要收回办公室并检查是否完好，出现问题由个人负责，扣10分）	
损坏保修	班长	
交学生日志卡	考勤班长	
视频播放	团支书（每天定时定点播放视频）	
安全考试安排	学习委员（主要是管理好纪律）	
发放和收集实习报告、填写老师和学生考勤日志卡	考勤班长和学习委员（做到认真负责）	
机床保养	班长及全班学生	

设备日常点检表

设备日常点检表										
普通机械加工中心设备日常点检表						日期		指导教师1		
学号：		姓名：		设备名称：		实训区域		指导教师2		
序号	点检内容 ○ 开动中 ● 停止		基准	方法	周期	设备型号		设备编号		
^	^	^	^	^	^	检查日期				
1	清扫	●	机床顶部	无灰尘、油污	目视、触摸	班	第一天	第二天	第三天	第四天	第五天
2		●	移动工作台	无杂物、铁屑	目视、触摸	班					
3		●	机床底座、四周	无油污、杂物	目视、触摸	班					
4		●	电动机外表	无油污、杂物	目视、触摸	班					

续表

设备日常点检表											
普通机械加工中心设备日常点检表						日期		指导教师1				
学号:		姓名:	设备名称:				实训区域		指导教师2			
序号	点检内容 ○ 开动中 ● 停止		基准	方法	周期	设备型号				设备编号	
						检查日期						
5	加油	●	润滑油油标	油量达到2/3	目视	班	第一天	第二天	第三天	第四天	第五天
6		●	冷却润滑	冷却液充足	目视	班					
7		●	导轨润滑	移动进给灵活	目视、手拭	班					
8	点检	○	齿轮箱	无变形、固定牢靠	目视	班					
9		○	各轴	运动正常	目视	班					
10		○	按钮和指示灯	无损坏、松动	手拭	班					
11		●	柜外表	无油污、灰尘	目视、触摸	班					
12		○	显示屏	程序运行正常	目视、触摸	班					
13		○	油管	无破损、无漏油	目视	班					
不正常时,通知相关维修人员并填写保修单	1. 点检人签名										
	2. 点检人签名										
	注:(1)点检情况按颜色填入表格,良好"√"、故障"▲";(2)工作中,如设备发生故障,在相应格中打"×"标记;(3)每天一小格。										

图纸

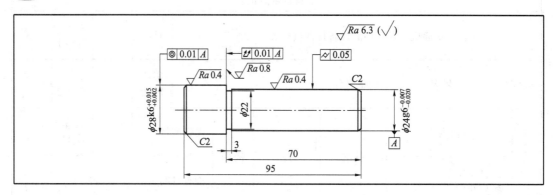

任务评价

填写评价表

工作任务评价表					
任务名称：		班级： 小组： 姓名：		指导教师： 日　　期：	
评价项目	评价标准	评价方式			权重	小计
^	^	1. 护目镜、衣扣、袖口系紧；2. 量具使用完后放回量具盒；3. 机床、工具箱台面清理；4. 高度尺使用完后收回办公室；5. 机床设备使用登记本填写；6. 教室、厂房清理				
职业素养	1. 遵守实训规章制度 2. 严格执行"6S"管理 3. 遵守安全生产规定 4. 组织协作能力				0.3	
专业能力	1. 理解装配要求并制订正确的装配工艺 2. 正确、合理选用工、量具 3. 操作准确、规范 4. 分析判断准确 5. 任务完成质量好				0.5	
创新能力	1. 任务过程中主动分析、解决问题 2. 合理组织任务实施				0.2	
合计						

学生姓名			总得分			检验日期		
工件考核	项目	检测内容			配分	检测结果	得分	备注
	外观检测	有无划伤、磕碰、砸伤等			5			
	行位检测	平行度、垂直度、平面度、对称度等			5			
	尺寸检测				5			
					5			
					5			
					10			
					10			
					10			
		未列尺寸			每超差一处，扣1分			
	工具箱摆放				3			
	机床保养				2			
	安全操作				5			
	合计							
过程考核	出勤	有无迟到、早退			5			
	态度	能否遵守规则制度			5			
	工作质量	对待工作是否认真			5			
	合作	与其他岗位合作情况			5			
	机床操作	对机床熟悉程度			5			
	管理	是否服从管理			5			
	任务	能否按时完成任务			5			
	合计							

严重违反安全操作规程，屡教不改或造成重大事故者，取消实训操作资格！
尺寸超差严重者，酌情从总分中扣除20～30分。

个人总结

4.6 外圆锥面磨削

🔄 任务描述

根据任务要求熟练掌握外圆锥面的基本操作方法与使用注意事项。

🔄 任务要求

① 掌握外圆锥面的各种磨削方法。
② 学会磨削余量的计算和尺寸控制。

🔄 理论知识

1. 转动工作台磨削外圆锥面

对于锥度不大的外圆锥面，可转动上工作台进行磨削。操作方法如下：
① 工件安装在二顶尖之间。
② 将上工作台逆时针方向转动至工件的圆锥半角（$\alpha/2$）。
③ 采用纵向磨削法试磨。
④ 用套规测量锥度是否正确，若大端摩擦痕迹多，小端摩擦痕迹少，则工件锥度大，须将工作台顺时针微调；若接触情况与此相反，那么工作台调整方向也相反。
⑤ 用套规测量尺寸，并磨至图样要求。

特点：机床调整方便，工件装夹简单，精度容易控制，加工质量好。但受工作台转动角度的限制，只能加工圆锥角小于12°的工件。

2. 转动头架磨削外圆锥面

当工件锥度超过工作台转动角度时，可采用卡盘装夹或用主轴孔安装的方法，将头架逆时针转过与工件圆锥半角相同大小的角度进行磨削。

操作方法如下：
① 工件安装在卡盘或头架主轴内，用百分表校正。
② 头架逆时针方向转动工件圆锥半角。
③ 移动工作台，使工件进入磨削区，并调整好行程距离，紧固挡铁。
④ 试磨工件，并用圆锥套规检验锥度是否正确。如果锥度不正确，可采用转动工作台调整锥度的方法进行调整。
⑤ 用套规检查磨削余量，随后磨至图样要求。

特点：适合磨削锥度较大和长度较短的工件。如果工件锥度大，长度较长，安装后砂轮已退至极限位置，这时还不能磨削。等距离合适时，可把工作台也偏转一个角度，使头架转动的角度比原来小些，这样工件相对就退出一些，但头架转动角度与工作台转动角度之和应等于工件圆锥半角。

3. 转动砂轮架磨削外圆锥面

适合磨削带大锥角锥体的长工件。

操作方法如下：

①工件安装在二顶尖之间。

②砂轮外圆修整后，砂轮架逆时针回转的角度应等于工件的圆锥半角。

③移动工作台，将锥体部位移入磨削区域，采用横向磨削法进行磨削，不能做纵向运动。

特点：磨削时只能做横向进给，不能做纵向移动，工件加工质量差。角度调整麻烦，生产效率低，一般情况下很少采用。

4. 磨削余量的计算和尺寸控制

如图 4.6.1 所示，在外圆锥面磨削过程中，当锥度已磨准，而大小端尺寸还未达到要求时，应确定磨去多少余量才能使大、小端尺寸合格。可用下面公式计算：

$$h = 2a\sin\alpha/2$$

式中，h 为应磨去的最小余量，mm；a 为工件端面至圆锥套规过端界限的距离，mm（图 4.6.1）；$\alpha/2$ 为工件圆锥半角，(°)。

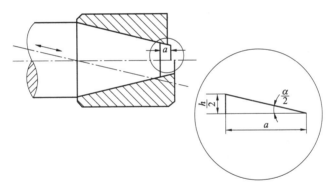

图 4.6.1 最小磨削余量

当工件圆锥角 $\alpha \leq 6°$ 或者 αC（锥度）$\leq 1:5$ 时，

$$\sin\alpha/2 \approx \tan\alpha/2$$

可按下面的近似公式计算：

$$h/2 \approx a\tan\alpha/2 \approx \alpha C/2$$

所以

$$h = aC$$

5. 操作实践

①圆锥尺寸计算包括_____计算和_____计算。

②外圆锥面的检验有_____种。

③外圆锥面的磨削方法有_____种。

④将上工作台_____（逆时针、顺时针）方向转动至工件的圆锥半角。

⑤采用_____法试磨。

⑥工件安装在卡盘或头架主轴内用_____校正。

⑦头架_____（顺时针、逆时针）方向转动工件圆锥半角。

⑧砂轮外圆修整后，砂轮架逆时针回转的角度应_____（大于、等于、小于）工件的圆锥半角。

组织实施

任务分配表

项目	姓名（负责人）						扣分情况
安全规程收集	学习委员（由学习委员通知收集，各组组长配合，收齐各组资料交由学习委员）						组长10分、组员5分
人员分组安排 总组长： 班长：	第一组（工位号） 组长： 组员：	第二组（工位号） 组长： 组员：	第三组（工位号） 组长： 组员：	第四组（工位号） 组长： 组员：	第五组（工位号） 组长： 组员：	第六组（工位号） 组长： 组员：	
安全员安排	班长（出现问题，一次扣10分）						
卫生安排	生活委员及各组组长（厂房地面、机床、工具箱台面、教室卫生等。卫生打扫不到位，一次扣生活委员及组长10分，组员扣5分），有生活委员安排打扫卫生的组（轮换）						
机床设备使用登记本	由学习委员安排组长负责						
教学交接记录本	教师						
上交实习日记	学习委员						
护目镜发放，工作服巡视检查（每天不定时）	班长（班长负责护目镜发放，班长、副班长同时每天不定时检查工作服、帽、护目镜的穿戴情况，一次不合格者，扣10分）						
高度尺、卡尺、千分尺的发放（每天）	学习委员收发（每次实训完，要收回办公室并检查是否完好，出现问题由个人负责，扣10分）						
损坏保修	班长						
交学生日志卡	考勤班长						

续表

项目	姓名（负责人）	扣分情况
安全规程收集	学习委员（由学习委员通知收集，各组组长配合，收齐各组资料交由学习委员）	
视频播放	团支书（每天定时定点播放视频）	
安全考试安排	学习委员（主要是管理好纪律）	
发放和收集实习报告、填写老师和学生考勤日志卡	考勤班长和学习委员（做到认真负责）	
机床保养	班长及全班学生	

设备日常点检表

设备日常点检表									
普通机械加工中心设备日常点检表						日期		指导教师1	
学号：		姓名：	设备名称：			实训区域		指导教师2	
序号	点检内容		基准	方法	周期	设备型号		设备编号	
	○ 开动中 ● 停止					检查日期			
1	清扫	●	机床顶部	无灰尘、油污	目视、触摸	班	第一天	第二天	第三天	第四天	第五天
2		●	移动工作台	无杂物、铁屑	目视、触摸	班					
3		●	机床底座、四周	无油污、杂物	目视、触摸	班					
4		●	电动机外表	无油污、杂物	目视、触摸	班					
5	加油	●	润滑油油标	油量达到2/3	目视	班	第一天	第二天	第三天	第四天	第五天
6		●	冷却润滑	冷却液充足	目视	班					
7		●	导轨润滑	移动进给灵活	目视、手拭	班					

续表

设备日常点检表

普通机械加工中心设备日常点检表					日期		指导教师1	
学号：		姓名：	设备名称：		实训区域		指导教师2	
序号	点检内容 ○ 开动中 ● 停止		基准	方法	周期	设备型号		设备编号
						检查日期		
8	点检	○	齿轮箱	无变形、固定牢靠	目视	班			
9		○	各轴	运动正常	目视	班			
10		○	按钮和指示灯	无损坏、松动	手拭	班			
11		●	柜外表	无油污、灰尘	目视、触摸	班			
12		○	显示屏	程序运行正常	目视、触摸	班			
13		○	油管	无破损、无漏油	目视	班			
不正常时，通知相关维修人员并填写保修单	1. 点检人签名							
	2. 点检人签名							
	注：(1) 点检情况按颜色填入表格，良好"√"、故障"▲"；(2) 工作中，如设备发生故障，在相应格中打"×"标记；(3) 每天一小格。							

图纸

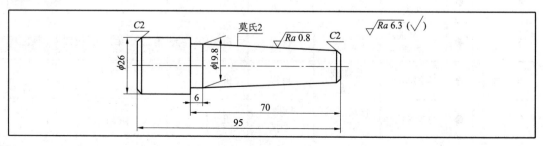

任务评价

填写评价表

	工作任务评价表			
任务名称：	班级： 小组： 姓名：		指导教师： 日　　期：	
评价项目	评价标准	评价方式 1. 护目镜、衣扣、袖口系紧；2. 量具使用完后放回量具盒；3. 机床、工具箱台面清理；4. 高度尺使用完后收回办公室；5. 机床设备使用登记本填写；6. 教室、厂房清理	权重	小计
职业素养	1. 遵守实训规章制度 2. 严格执行"6S"管理 3. 遵守安全生产规定 4. 组织协作能力		0.3	
专业能力	1. 理解装配要求并制订正确的装配工艺 2. 正确、合理选用工、量具 3. 操作准确、规范 4. 分析判断准确 5. 任务完成质量好		0.5	
创新能力	1. 任务过程中主动分析、解决问题 2. 合理组织任务实施		0.2	
合计				

	学生姓名		总得分		检验		
	学号				日期		
工件考核	项目	检测内容	配分	检测结果		得分	备注
	外观检测	有无划伤、磕碰、砸伤等	5				
	行位检测	平行度、垂直度、平面度、对称度等	5				

续表

学生姓名		总得分			检验		
学号					日期		
工件考核	项目	检测内容	配分	检测结果	得分	备注
	尺寸检测		5			
			5			
			5			
			10			
			10			
			10			
	未列尺寸	每超差一处，扣1分			
	工具箱摆放	3			
	机床保养	2			
	安全操作	5			
	合计					
过程考核	出勤	有无迟到、早退	5			
	态度	能否遵守规则制度	5			
	工作质量	对待工作是否认真	5			
	合作	与其他岗位合作情况	5			
	机床操作	对机床熟悉程度	5			
	管理	是否服从管理	5			
	任务	能否按时完成任务	5			
	合计					

严重违反安全操作规程，屡教不改或造成重大事故者，取消实训操作资格！
尺寸超差严重者，酌情从总分中扣除20~30分。

个人总结

4.7 细长轴磨削

任务描述

根据任务要求熟练掌握细长轴磨削的基本操作方法与使用注意事项。

任务要求

①了解细长轴磨削的特点。
②掌握细长轴的磨削方法。

理论知识

1. 细长轴的磨削特点

①细长轴长度与直径的比值一般较大，当比值大于 25 时，工件必须使用开式中心架支承，才能进行磨削加工。

②由于细长轴刚性较差，在磨削力作用下，工件容易产生弯曲变形，产生形状误差。

2. 在加工细长轴过程中，了解细长轴的技术要求

3. 工件磨削加工工艺分析

①工件采用两顶尖装夹，由于工件靠近尾座端外圆直径较小，可采用半顶尖装夹。

②为了保证加工质量，磨削时，应首先悬空磨削支承外圆，并使支承外圆的圆度在 0.005 mm 之内，径向圆跳动量在 0.01 mm 之内。

③磨削中间长度最长的外圆时，应分粗、精磨，以保证几何公差符合图样要求，避免工件变曲；径向圆跳动量超过磨削余量时，应先进行校直，校直后要进行回火处理。

④磨削加工步骤：一般先粗磨后精磨，就可以达到图样上所给的尺寸要求。

4. 操作实践

①由于细长轴_____性较差，在磨削时，工件容易产生_____，从而产生_____误差。

②工件磨削时，采用_____装夹。

③由于工件靠近尾座端外圆直径较小，可采用_____装夹。

④磨削时，一般按_____，_____就可以达到图样要求的尺寸。

⑤磨削工件中心支承外圆时，头架旋转速度应_____（较高、较低），以避免工件外圆产生的多角形振痕和径向圆跳动量超差。

⑥磨削过程中，要不断检查，调整工件的装夹_____程度。

⑦为避免工件受热变形，细长轴在磨削时，必须保持充分的_____。

⑧在磨削过程中，切削液要覆盖整个砂轮_____。

组织实施

任务分配表

项目	姓名（负责人）						扣分情况
安全规程收集	学习委员（由学习委员通知收集，各组组长配合，收齐各组资料交由学习委员）						
人员分组安排 总组长 班长：	第一组（工位号） 组长： 组员：	第二组（工位号） 组长： 组员：	第三组（工位号） 组长： 组员：	第四组（工位号） 组长： 组员：	第五组（工位号） 组长： 组员：	第六组（工位号） 组长： 组员：	组长10分、组员5分
安全员安排	班长（出现问题，一次扣10分）						
卫生安排	生活委员及各组组长（厂房地面、机床、工具箱台面、教室卫生等。卫生打扫不到位，一次扣生活委员及组长10分，组员扣5分），有生活委员安排打扫卫生的组（轮换）						
机床设备使用登记本	由学习委员安排组长负责						
教学交接记录本	教师						
上交实习日记	学习委员						
护目镜发放，工作服巡视检查（每天不定时）	班长（班长负责护目镜发放，班长、副班长同时每天不定时检查工作服、帽、护目镜的穿戴情况，一次不合格者，扣10分）						
高度尺、卡尺、千分尺的发放（每天）	学习委员收发（每次实训完，要收回办公室并检查是否完好，出现问题由个人负责，扣10分）						
损坏保修	班长						
交学生日志卡	考勤班长						
视频播放	团支书（每天定时定点播放视频）						
安全考试安排	学习委员（主要是管理好纪律）						

续表

项目	姓名（负责人）	扣分情况
安全规程收集	学习委员（由学习委员通知收集，各组组长配合，收齐各组资料交由学习委员）	
发放和收集实习报告、填写老师和学生考勤日志卡	考勤班长和学习委员（做到认真负责）	
机床保养	班长及全班学生	

设备日常点检表

设备日常点检表									
普通机械加工中心设备日常点检表						日期		指导教师1	
学号：		姓名：	设备名称：			实训区域		指导教师2	
序号	点检内容 ○ 开动中 ● 停止		基准	方法	周期	设备型号		设备编号	
^	^	^	^	^	^	检查日期			
1	清扫	●	机床顶部	无灰尘、油污	目视、触摸	班	第一天	第二天	第三天	第四天	第五天
2	^	●	移动工作台	无杂物、铁屑	目视、触摸	班					
3	^	●	机床底座、四周	无油污、杂物	目视、触摸	班					
4	^	●	电动机外表	无油污、杂物	目视、触摸	班					
5	加油	●	润滑油油标	油量达到2/3	目视	班	第一天	第二天	第三天	第四天	第五天
6	^	●	冷却润滑	冷却液充足	目视	班					
7	^	●	导轨润滑	移动进给灵活	目视、手拭	班					

续表

设备日常点检表								
普通机械加工中心设备日常点检表					日期		指导教师1	
学号：		姓名：	设备名称：		实训区域		指导教师2	
序号	点检内容 ○ 开动中 ● 停止		基准	方法	周期		设备型号	设备编号
						检查日期		
8		○	齿轮箱	无变形、固定牢靠	目视	班		
9		○	各轴	运动正常	目视	班		
10		○	按钮和指示灯	无损坏、松动	手拭	班		
11	点检	●	柜外表	无油污、灰尘	目视、触摸	班		
12		○	显示屏	程序运行正常	目视、触摸	班		
13		○	油管	无破损、无漏油	目视	班		
不正常时，通知相关维修人员并填写保修单	1. 点检人签名							
	2. 点检人签名							
	注：（1）点检情况按颜色填入表格，良好"√"、故障"▲"；（2）工作中，如设备发生故障，在相应格中打"×"标记；（3）每天一小格。							

🔄 图纸

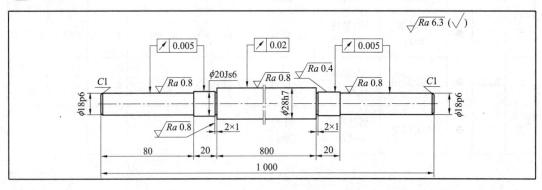

任务评价

填写评价表

工作任务评价表			
任务名称：	班级： 小组： 姓名：		指导教师： 日　期：
评价项目	评价标准	评价方式	权重	小计
		1. 护目镜、衣扣、袖口系紧；2. 量具使用完后放回量具盒；3. 机床、工具箱台面清理；4. 高度尺使用完后收回办公室；5. 机床设备使用登记本填写；6. 教室、厂房清理		
职业素养	1. 遵守实训规章制度 2. 严格执行"6S"管理 3. 遵守安全生产规定 4. 组织协作能力		0.3	
专业能力	1. 理解装配要求并制订正确的装配工艺 2. 正确、合理选用工、量具 3. 操作准确、规范 4. 分析判断准确 5. 任务完成质量好		0.5	
创新能力	1. 任务过程中主动分析、解决问题 2. 合理组织任务实施		0.2	
合计				

学生姓名		总得分		检验			
学号				日期			
工件考核	项目	检测内容	配分	检测结果	得分	备注	
	外观检测	有无划伤、磕碰、砸伤等	5				
	行位检测	平行度、垂直度、平面度、对称度等	5				

续表

学生姓名			总得分		检验	
学号					日期	
工件考核	项目	检测内容	配分	检测结果	得分	备注
	尺寸检测		5			
			5			
			5			
			10			
			10			
			10			
		未列尺寸	每超差一处，扣1分			
		工具箱摆放	3			
		机床保养	2			
		安全操作	5			
	合计					
过程考核	出勤	有无迟到、早退	5			
	态度	能否遵守规则制度	5			
	工作质量	对待工作是否认真	5			
	合作	与其他岗位合作情况	5			
	机床操作	对机床熟悉程度	5			
	管理	是否服从管理	5			
	任务	能否按时完成任务	5			
	合计					

严重违反安全操作规程，屡教不改或造成重大事故者，取消实训操作资格！
尺寸超差严重者，酌情从总分中扣除20~30分。

个人总结

4.8 接刀轴磨削

任务描述

根据任务要求熟练掌握接刀轴磨削的基本操作方法与使用注意事项。

任务要求

①了解接刀轴的磨削特点。
②掌握接刀轴的磨削方法和接刀方法。
③掌握磨削尺寸和表面粗糙度的控制方法。

理论知识

1. 接刀轴的磨削特点

接刀轴实际上是一根无任何阶台的直轴，接刀轴的磨削必须经过两次以上装夹才能完成。在磨削过程中，为了保证接刀轴无明显接刀痕迹，对工件中心孔的要求较高，最好能经过研磨，使中心孔的角度、圆度和表面粗糙度得到提高。在工件圆度找正时，只允许顺锥，即近头架端的外圆尺寸要比近尾座端的外圆尺寸略微大些，一般圆柱度允许量在 0.005 mm 以内。如果倒锥，接刀无法接平。

2. 接刀轴的磨削方法

①在接刀轴任意一端外圆上装夹头，根据接刀轴的长度，调整头架、尾座的距离，如图 4.8.1 所示。

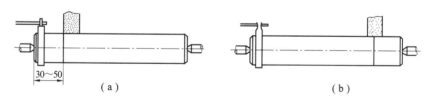

图 4.8.1 接刀轴磨削左端挡铁的调整位置

②调整工作台纵向行程挡铁的位置。在近头架处使砂轮离轴端 30~50 mm 处换向。
③调整拨杆位置，使拨杆能带动工件旋转。
④粗修整砂轮。
⑤磨削外圆找正工件圆柱度，使近头架端外圆尺寸比近尾座端外圆尺寸大 0.005 mm 左右。
⑥粗磨外圆，留 0.03~0.05 mm 精磨余量。
⑦将工件取下调头，夹头装在刚磨好的那端外圆上，再装上机床。
⑧用横向磨削法磨去原夹头部位的粗磨余量。

⑨精细修整砂轮。

⑩精磨外圆,消除砂轮精修后可能产生的圆柱度误差,并磨去精磨余量,控制工件尺寸和表面粗糙度符合图样要求(工件尺寸最好控制在上偏差)。

⑪调头接刀,用纵向磨削法磨削接刀处外圆,控制横向进给量在 0.005 mm 之内。在磨削余量剩下 0.003~0.005 mm 时,横向进给量减少,最后以无横向进给的光磨接平外圆。

3. 操作实践

①接刀轴的磨削,必须经过_____(一、二)次以上装夹才能完成。

②在工件圆度找正时,只允许_____(顺、逆)锥。

③一般圆柱度允许量在_____mm 以内。

④在接刀轴_____(固定、任意)一端外圆上装夹头。

⑤调整工作台_____(横向、纵向)行程挡铁的位置。

⑥接刀轴磨削时,在近头架处使砂轮离轴端约_____mm 处换向。

⑦粗磨外圆留_____mm 精磨余量。

⑧磨削时,注意浇注充分的_____,避免工件产生烧伤痕迹。

组织实施

任务分配表

项目	姓名(负责人)						扣分情况
安全规程收集	学习委员(由学习委员通知收集,各组组长配合,收齐各组资料交由学习委员)						
人员分组安排	第一组(工位号)	第二组(工位号)	第三组(工位号)	第四组(工位号)	第五组(工位号)	第六组(工位号)	组长10分、组员5分
总组长	组长:	组长:	组长:	组长:	组长:	组长:	
班长	组员:	组员:	组员:	组员:	组员:	组员:	
安全员安排	班长(出现问题,一次扣10分)						
卫生安排	生活委员及各组组长(厂房地面、机床、工具箱台面、教室卫生等。卫生打扫不到位,一次扣生活委员及组长10分,组员扣5分),有生活委员安排打扫卫生的组(轮换)						
机床设备使用登记本	由学习委员安排组长负责						
教学交接记录本	教师						
上交实习日记	学习委员						

续表

项目	姓名（负责人）	扣分情况
安全规程收集	学习委员（由学习委员通知收集，各组组长配合，收齐各组资料交由学习委员）	
护目镜发放，工作服巡视检查（每天不定时）	班长（班长负责护目镜发放，班长、副班长同时每天不定时检查工作服、帽、护目镜的穿戴情况，一次不合格者，扣10分）	
高度尺、卡尺、千分尺的发放（每天）	学习委员收发（每次实训完，要收回办公室并检查是否完好，出现问题由个人负责，扣10分）	
损坏保修	班长	
交学生日志卡	考勤班长	
视频播放	团支书（每天定时定点播放视频）	
安全考试安排	学习委员（主要是管理好纪律）	
发放和收集实习报告、填写老师和学生考勤日志卡	考勤班长和学习委员（做到认真负责）	
机床保养	班长及全班学生	

设备日常点检表

设备日常点检表									
普通机械加工中心设备日常点检表						日期		指导教师1	
学号：		姓名：	设备名称：			实训区域		指导教师2	
序号	点检内容 ○ 开动中 ● 停止		基准	方法	周期	设备型号			设备编号
^	^	^	^	^	^	检查日期			
1	清扫	● 机床顶部	无灰尘、油污	目视、触摸	班	第一天	第二天	第三天	第四天	第五天
2	清扫	● 移动工作台	无杂物、铁屑	目视、触摸	班					

续表

设备日常点检表

普通机械加工中心设备日常点检表					日期		指导教师1	
学号：		姓名：	设备名称：		实训区域		指导教师2	
序号	点检内容 ○ 开动中 ● 停止		基准	方法	周期	设备型号		设备编号
						检查日期		
3	清扫	●	机床底座、四周	无油污、杂物	目视、触摸	班				
4		●	电动机外表	无油污、杂物	目视、触摸	班				
5	加油	●	润滑油油标	油量达到2/3	目视	班	第一天	第二天	第三天	第四天	第五天
6		●	冷却润滑	冷却液充足	目视	班				
7		●	导轨润滑	移动进给灵活	目视、手拭	班				
8	点检	○	齿轮箱	无变形、固定牢靠	目视	班				
9		○	各轴	运动正常	目视	班				
10		○	按钮和指示灯	无损坏、松动	手拭	班				
11		●	柜外表	无油污、灰尘	目视、触摸	班				
12		○	显示屏	程序运行正常	目视、触摸	班				
13		○	油管	无破损、无漏油	目视	班				
不正常时，通知相关维修人员并填写保修单	1. 点检人签名							
	2. 点检人签名							
	注：(1) 点检情况按颜色填入表格，良好"√"、故障"▲"；(2) 工作中，如设备发生故障，在相应格中打"×"标记；(3) 每天一小格。							

图纸

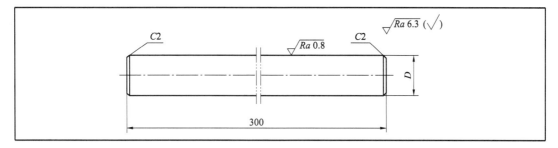

任务评价

填写评价表

	工作任务评价表			
任务名称：	班级： 小组： 姓名：		指导教师： 日　期：	
评价项目	评价标准	评价方式	权重	小计
		1. 护目镜、衣扣、袖口系紧；2. 量具使用完后放回量具盒；3. 机床、工具箱台面清理；4. 高度尺使用完后收回办公室；5. 机床设备使用登记本填写；6. 教室、厂房清理		
职业素养	1. 遵守实训规章制度 2. 严格执行"6S"管理 3. 遵守安全生产规定 4. 组织协作能力		0.3	
专业能力	1. 理解装配要求并制订正确的装配工艺 2. 正确、合理选用工、量具 3. 操作准确、规范 4. 分析判断准确 5. 任务完成质量好		0.5	
创新能力	1. 任务过程中主动分析、解决问题 2. 合理组织任务实施		0.2	
合计				

学生姓名		总得分		检验		
学号				日期		
	项目	检测内容	配分	检测结果	得分	备注
工件考核	外观检测	有无划伤、磕碰、砸伤等	5			
	行位检测	平行度、垂直度、平面度、对称度等	5			
	尺寸检测		5			
			5			
			5			
			10			
			10			
			10			
		未列尺寸	每超差一处，扣1分			
		工具箱摆放	3			
		机床保养	2			
		安全操作	5			
	合计					
过程考核	出勤	有无迟到、早退	5			
	态度	能否遵守规则制度	5			
	工作质量	对待工作是否认真	5			
	合作	与其他岗位合作情况	5			
	机床操作	对机床熟悉程度	5			
	管理	是否服从管理	5			
	任务	能否按时完成任务	5			
	合计					

严重违反安全操作规程、屡教不改或造成重大事故者，取消实训操作资格！
尺寸超差严重者，酌情从总分中扣除20~30分。

个人总结

4.9 平面磨床

任务描述

根据任务要求熟练掌握平面磨床的基本操作方法与使用注意事项。

任务要求

①平面磨床的操纵与调整。
②平行面的磨削。
③垂直面的磨削。

理论知识

1. 卧轴矩台平面磨床各部件的名称和作用

M7120D 型平面磨床是在 M7120A 型基础上进行改进的卧轴矩台平面磨床,由床身、工作台、磨头、滑板、立柱、电器箱、电磁吸盘、电器按钮板和液压操纵箱等部件组成(图4.9.1)。

(1) 床身

床身为箱形铸件,上面有 V 形导轨及平面导轨;工作台安装在导轨上。床身前侧的液压操纵箱上装有工作台手动机构、垂直进给机构、液压操纵板等,用于控制机床的机械与液压传动。

(2) 工作台

在台页面四周装有防护罩,以防切削液飞溅。

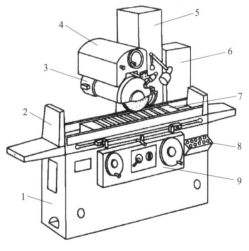

1—床身;2—工作台;3—磨头;4—滑板;
5—立柱;6—电器箱;7—电磁吸盘;
8—电器按钮板;9—液压操纵箱。

图 4.9.1 平面磨床

(3) 磨头

磨头在壳体前部,装有两套短三块油膜滑动轴承和控制轴向窜动的两套球面止推轴承,主轴尾部装有电动机转子,电动机定子固定在壳体上。

磨头在水平燕尾导轨上有两种进给形式:一种是断续进给,即工作台换向一次,砂轮磨头横向做一次断续进给,进给量为 1~12 mm;另一种是连续进给,磨头在水平燕尾导轨上做往复连续移动,连续移动速度为 0.3~3 m/min,由进给选择旋钮控制。磨头除了可液压传动外,还可做手动进给。

(4) 滑板

滑板有两组相互垂直的导轨:一组为垂直矩形导轨,用于沿立柱做垂直移动;另一组为水平燕尾导轨，用于做磨头横向移动。

（5）立柱

立柱为一箱形体，前部有两条矩形导轨，丝杠安装在中间，通过螺母使滑板沿矩形导轨做垂直移动。

（6）电器箱

M7120D 型平面磨床在电器安装上进行了改进，将原来装在床身上的电器原件等装到电器箱内，这样有利于维修和保养。

（7）电磁吸盘

电磁吸盘主要用于装夹工件。

（8）电器按钮板

电器按钮板主要用于安装各种电器按钮，通过操作按钮来控制机床的各项进给运动。

（9）液压操纵箱

液压操纵箱主要用于控制机床的液压传动。

2. 电磁吸盘的使用特点和使用方法

（1）电磁吸盘的使用特点

①工件装卸迅速、方便，可多件加工，生产效率高。

②保证平面的平行度。

③装夹稳固，不需要进行调整。

④在台面上安装各种夹具，磨削垂直平面、倾斜面等，使用比较方便。

（2）工件在电磁吸盘上的装卸方法

①工件基准面擦净，修去表面毛刺，然后将基准面放到电磁吸盘上。

②转动电磁吸盘工作状态选择开关至"工件吸着"位置，使工件吸牢在台面上。

③工件加工完毕，取下，可将开关转到退磁位置。

3. 用退磁器进行退磁

第一种方法：将开关拨至"退磁"位置，然后将退磁器电源插头插入机床退磁器插座中，退磁器工作表面置于离工件约 10 mm 处，往复移动 2~3 次，工件剩磁即可退去。

第二种方法：工件磨好经开关退磁取下后，工件表面仍有剩磁须退掉，可将工件放在退磁器上 1~2 min，工件剩磁就可全部退去。

4. 平面磨床操作步骤

平面磨床的操作如图 4.9.2 所示。

①转动床身后面的转动开关，接通电源。

②将磨头停在离工作台一定距离的高度上，各液压操作手柄、旋钮均置于停止位置，工作台行程挡铁置于两极端位置。

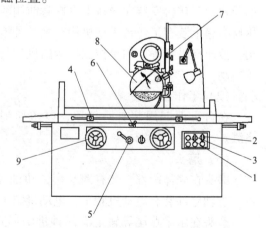

1—油泵启动按钮；2—砂轮启动按钮；
3—转动旋钮；4—工作台行程挡铁；5—调速手柄；
6—工作台往复移动换向手柄；7—立柱；8—磨头；
9—工作台往复移动手柄。

图 4.9.2　平面磨床操作图

③按动油泵启动按钮，启动油泵。
④转动工作台启动调速手柄，使工作台往复换向 2~3 次。检查动作是否正常。
⑤转动磨头液动进给，调节挡铁距离，使磨头往复移动。
⑥转动工作台往复移动手柄，使工作台处于右边顶端位置。
⑦将砂轮启动旋钮拨到启动位置，使砂轮做高速运转。
⑧按工件尺寸，将工作台行程挡铁调整到适当位置，做好试磨准备。
⑨转动旋钮至"吸住"位置，使工件吸附在工作台上。
⑩按工件尺寸，将工作台行程挡铁调整到适当位置，做好试磨准备。

5. 注意事项

①使用电磁吸盘时应注意的问题。

a. 工件经"退磁"从电磁吸盘上取下后，应将选择开关拨至"电源切断"位置，不要长时间拨在"退磁"位置，因"退磁"位置电路仍呈通路工作状态，但磁力线方向相反。

b. 从电磁吸盘上取下底面积较大的工件时，由于剩磁及光滑表面间黏附力较大，不容易把工件取下来，这时可用木棒、铜棒在合适的位置上将工件扳松，然后再取下工件。严禁直接用力将工件从电磁吸盘上硬拖下来。对于无孔、无槽的光滑平面工件，可在工件与吸盘面之间垫一层很薄的纸片，这样工件取下时不会划伤工件表面及吸盘台面。

c. 电磁吸盘的台面要保持平整、光洁，发现有划痕现象时，应及时用油石或金相砂纸修光。如果表面划痕和毛刺较多，或者有些变形，影响工件平行度时，可对电磁吸盘台面做一次修磨。修磨时，电磁吸盘应接通电源，使它处于工作状态。每次修磨量应尽可能小，光出即可。

d. 电磁吸盘使用完毕后，要将台面擦干净，并涂上一层油，以避免台面生锈及切削液渗入吸盘体内部，使线圈受潮损坏。

②用退磁器退磁后，应及时将退磁器电源插头拔去，以免长时间通电而损坏退磁器。

③油泵启动后，不能立即启动砂轮，应等油泵工作 2~3 min 后再启动砂轮。

④机床操纵练习时，砂轮启动应从低速到高速。在高速运转时，不能一下子拨到低速位置。

6. 操作实践

①转动床身后面的_____开关，接通电源。

②将磨头停在离工作台一定距离的高度上，各液压操作_____均置于停止位置，工作台行程挡铁置于两极端位置。

③按动_____启动按钮，启动油泵。

④转动工作台启动调速手柄，使工作台往复换向_____次。检查动作是否正常。

组织实施

任务分配表

项目	姓名（负责人）						扣分情况
安全规程收集	学习委员（由学习委员通知收集，各组组长配合，收齐各组资料交由学习委员）						
人员分组安排 总组长： 班长：	第一组（工位号） 组长： 组员：	第二组（工位号） 组长： 组员：	第三组（工位号） 组长： 组员：	第四组（工位号） 组长： 组员：	第五组（工位号） 组长： 组员：	第六组（工位号） 组长： 组员：	组长10分、组员5分
安全员安排	班长（出现问题，一次扣10分）						
卫生安排	生活委员及各组组长（厂房地面、机床、工具箱台面、教室卫生等。卫生打扫不到位，一次扣生活委员及组长10分，组员扣5分），有生活委员安排打扫卫生的组（轮换）						
机床设备使用登记本	由学习委员安排组长负责						
教学交接记录本	教师						
上交实习日记	学习委员						
护目镜发放，工作服巡视检查（每天不定时）	班长（班长负责护目镜发放，班长、副班长同时每天不定时检查工作服、帽、护目镜的穿戴情况，一次不合格者，扣10分）						
高度尺、卡尺、千分尺的发放（每天）	学习委员收发（每次实训完，要收回办公室并检查是否完好，出现问题由个人负责，扣10分）						
损坏保修	班长						
交学生日志卡	考勤班长						
视频播放	团支书（每天定时定点播放视频）						
安全考试安排	学习委员（主要是管理好纪律）						

续表

项目	姓名（负责人）	扣分情况
安全规程收集	学习委员（由学习委员通知收集，各组组长配合，收齐各组资料交由学习委员）	
发放和收集实习报告、填写老师和学生考勤日志卡	考勤班长和学习委员（做到认真负责）	
机床保养	班长及全班学生	

设备日常点检表

设备日常点检表										
普通机械加工中心设备日常点检表					日期		指导教师1			
学号：	姓名：		设备名称：		实训区域		指导教师2			
序号	点检内容 ○ 开动中 ● 停止		基准	方法	周期	设备型号		设备编号		
						检查日期				
1		●	机床顶部	无灰尘、油污	目视、触摸	班	第一天	第二天	第三天	第四天	第五天
2	清扫	●	移动工作台	无杂物、铁屑	目视、触摸	班					
3		●	机床底座、四周	无油污、杂物	目视、触摸	班					
4		●	电动机外表	无油污、杂物	目视、触摸	班					
5		●	润滑油油标	油量达到2/3	目视	班	第一天	第二天	第三天	第四天	第五天
6	加油	●	冷却润滑	冷却液充足	目视	班					
7		●	导轨润滑	移动进给灵活	目视、手拭	班					

续表

设备日常点检表									
普通机械加工中心设备日常点检表								日期		指导教师1	
学号：		姓名：		设备名称：			实训区域		指导教师2	
序号	点检内容		基准	方法	周期	设备型号		设备编号	
	○ 开动中 ● 停止					检查日期			
8		○	齿轮箱	无变形、固定牢靠	目视	班			
9		○	各轴	运动正常	目视	班			
10		○	按钮和指示灯	无损坏、松动	手拭	班			
11	点检	●	柜外表	无油污、灰尘	目视、触摸	班			
12		○	显示屏	程序运行正常	目视、触摸	班			
13		○	油管	无破损、无漏油	目视	班			
不正常时，通知相关维修人员并填写保修单 || 1. 点检人签名								
^ || 2. 点检人签名								
|| 注：(1) 点检情况按颜色填入表格，良好"√"、故障"▲"；(2) 工作中，如设备发生故障，在相应格中打"×"标记；(3) 每天一小格。								

任务评价

填写评价表

	工作任务评价表			
任务名称:		班级: 小组: 姓名:	指导教师: 日　期:	
评价项目	评价标准	评价方式	权重	小计
		1. 护目镜、衣扣、袖口系紧；2. 量具使用完后放回量具盒；3. 机床、工具箱台面清理；4. 高度尺使用完后收回办公室；5. 机床设备使用登记本填写；6. 教室、厂房清理		
职业素养	1. 遵守实训规章制度 2. 严格执行"6S"管理 3. 遵守安全生产规定 4. 组织协作能力		0.3	
专业能力	1. 理解装配要求并制订正确的装配工艺 2. 正确、合理选用工、量具 3. 操作准确、规范 4. 分析判断准确 5. 任务完成质量好		0.5	
创新能力	1. 任务过程中主动分析、解决问题 2. 合理组织任务实施		0.2	
合计				

个人总结

4.10 平面磨床砂轮的修整

🔄 任务描述

根据任务要求熟练掌握平面磨床砂轮的修整方法与注意事项。

🔄 任务要求

①掌握在磨头架上用砂轮修整器修整砂轮的方法。
②掌握在电磁吸盘台面上用修整器修整砂轮的方法。

🔄 理论知识

1. 在磨头架上用砂轮修整器修整砂轮

平行磨床在磨头架上装有固定的砂轮修整器。其优点是使用方便，金刚石无须经常拆卸；缺点是只能修整砂轮的圆周面，但由于磨头导轨的精度误差，修整效果比在电磁吸盘台面上修整砂轮差。

修整步骤如下：
①在砂轮修整器上安装金刚石并紧固。
②移动磨头，使金刚石处在砂轮宽度范围内。
③启动砂轮，旋转砂轮修整器捏手，使套筒在轴套内滑动，金刚石向砂轮圆周面进给。
④当金刚石接触砂轮圆周面后，停止修整器进给。
⑤换向修整时，将磨头换向手柄拉出或推进，使磨头转向移动；并旋转砂轮修整器捏手，按修整要求予以进给。粗修整每次进给 0.02~0.03 mm，精修整每次进给 0.005~0.010 mm。
⑥修整结束，将磨头快速连续退至台面边缘。
⑦反方向（逆时针）旋转砂轮修整器捏手，使金刚石离开修整位置。

2. 在电磁吸盘上用修整器修整砂轮

图 4.10.1 所示为在吸盘台面上使用砂轮修整器。其优点是既能修整砂轮圆周面，也能修整砂轮端面；缺点是使用不方便，每次修整后，要从台面上取下来。由于工件高度与修整高度相差较大，所以每次修整辅助时间较长。

修整方法如下：
（1）圆周面的修整步骤
①将金刚石装入砂轮修整器内，并用螺钉紧固。
②砂轮修整器安放在电磁吸盘台面上，电磁吸盘工作状态选择开关拨到"吸着"位置，并用手拉一下砂轮修整器，检查是否吸牢。
③在距离中心 1~5 mm 的位置。

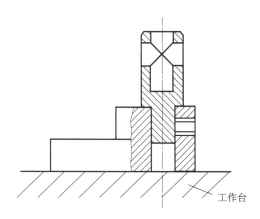

图 4.10.1 台面砂轮修整器

④启动砂轮,并摇动垂直进给手轮,使砂轮圆周面逐渐接近金刚石;当砂轮与金刚石接触后,停止垂直进给。

⑤移动磨头,做横向连续进给,使金刚石在整个圆周面上进行修整。

⑥换向继续修整。

⑦修整至要求后,磨头快速连续退出。

⑧将电磁吸盘工作状态选择开关拨到"退磁"位置,取下砂轮修整器,修整结束。

(2)砂轮端面的修整步骤

①将金刚石(也可用金刚笔)从侧面装入砂轮修整器内,并用螺钉紧固。

②将砂轮修整器安放在电磁吸盘台面上并吸牢。

③移动工作台及磨头,使金刚石处于如图 4.10.2(a)所示的位置。

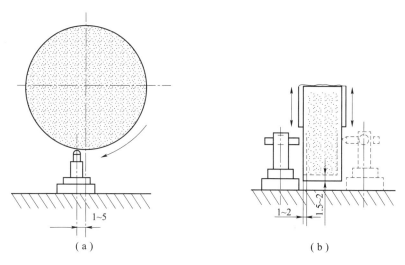

图 4.10.2 金刚石修整器

④启动砂轮并摇动磨头横向进给手轮,使砂轮端面接近金刚石,当砂轮端面与金刚石接触后,磨头停止横向进给。

⑤摇动磨头垂直进给手轮，使砂轮垂直连续下降；当金刚石修到接近砂轮卡盘时，停止垂直进给。

⑥磨头做横向进给，进给量为 0.02～0.03 mm。摇动垂直进给手轮，使砂轮垂直连续上升，在金刚石离砂轮圆周边缘约 2 mm 处停止垂直进给。

⑦如此上下修整多次，在砂轮端面上修出一个约 1 mm 深的阶台平面。

⑧用同样方法修整砂轮内端面至要求（如图 4.10.2（b）所示的位置）。

3. 修整练习

在距离砂轮中心 1～5 mm 的位置。

①练习用砂轮修整器修整砂轮圆周面，要求动作准确，修出砂轮圆周面，符合修整要求。

②砂轮修整器修整砂轮端面，要求动作准确，手摇垂直进给，手轮速度均匀。

4. 注意事项

①用磨头架上的修整器修整砂轮，金刚石伸出长度要适中，太长碰到砂轮端面，无法进行修整；太短由于砂轮修整器套筒移动距离有限，金刚石无法接触砂轮。

②在电磁吸盘台面上用砂轮修整器修整砂轮圆周面时，金刚石与砂轮中心有一定的偏移量。在修整砂轮时，工作台不能移动，金刚石吃进砂轮较深，容易损坏金刚石和砂轮。

③在修整砂轮时，工作台启动调速手柄应转到"停止"位置，不要转到"卸负"位置，否则无法进行修整。

④在用金刚石修整砂轮端面时，升降磨头要注意换向距离，不要使砂轮修整器撞到法兰盘上，也不要升过头而将端面凸台修去。

5. 操作实践

（1）手动练习

①在教师指导下检查机床。

②对磨床注_____。

③做手动_____练习。

④做机动进给练习，使工作台在_____、_____、_____方向分别移动。

⑤学会消除工作台_____和_____间的传动间隙和对移动尺寸的影响。

⑥每分钟均匀地手动进给_____mm、_____mm、_____mm。

（2）磨床的主轴空运转练习

①将电源开关转至_____。

②按"启动"按钮，使主轴旋转_____min。

③检查油泵_____。

④停止主轴旋转，重复练习。

（3）工作台机动进给操作练习

①检查各进给方向_____是否在限位柱范围内。

②使工作台在各进给方向处于_____位置。

③变换_____（控制在低速）。

组织实施

任务分配表

项目	姓名（负责人）						扣分情况
安全规程收集	学习委员（由学习委员通知收集，各组组长配合，收齐各组资料交由学习委员）						
人员分组安排 总组长： 班长：	第一组（工位号） 组长： 组员：	第二组（工位号） 组长： 组员：	第三组（工位号） 组长： 组员：	第四组（工位号） 组长： 组员：	第五组（工位号） 组长： 组员：	第六组（工位号） 组长： 组员：	组长10分、组员5分
安全员安排	班长（出现问题，一次扣10分）						
卫生安排	生活委员及各组组长（厂房地面、机床、工具箱台面、教室卫生等。卫生打扫不到位，一次扣生活委员及组长10分，组员扣5分），有生活委员安排打扫卫生的组（轮换）						
机床设备使用登记本	由学习委员安排组长负责						
教学交接记录本	教师						
上交实习日记	学习委员						
护目镜发放，工作服巡视检查（每天不定时）	班长（班长负责护目镜发放，班长、副班长同时每天不定时检查工作服、帽、护目镜的穿戴情况，一次不合格者，扣10分）						
高度尺、卡尺、千分尺的发放（每天）	学习委员收发（每次实训完，要收回办公室并检查是否完好，出现问题由个人负责，扣10分）						
损坏保修	班长						
交学生日志卡	考勤班长						
视频播放	团支书（每天定时定点播放视频）						
安全考试安排	学习委员（主要是管理好纪律）						

续表

项目	姓名（负责人）	扣分情况
安全规程收集	学习委员（由学习委员通知收集，各组组长配合，收齐各组资料交由学习委员）	
发放和收集实习报告、填写老师和学生考勤日志卡	考勤班长和学习委员（做到认真负责）	
机床保养	班长及全班学生	

设备日常点检表

设备日常点检表									
普通机械加工中心设备日常点检表							日期	指导教师1	
学号：		姓名：	设备名称：			实训区域	指导教师2	
序号	点检内容		基准	方法	周期	设备型号		设备编号
	○ 开动中 ● 停止					检查日期			
1	清扫	●	机床顶部	无灰尘、油污	目视、触摸	班	第一天	第二天	第三天	第四天	第五天
2		●	移动工作台	无杂物、铁屑	目视、触摸	班					
3		●	机床底座、四周	无油污、杂物	目视、触摸	班					
4		●	电动机外表	无油污、杂物	目视、触摸	班					
5	加油	●	润滑油油标	油量达到2/3	目视	班	第一天	第二天	第三天	第四天	第五天
6		●	冷却润滑	冷却液充足	目视	班					
7		●	导轨润滑	移动进给灵活	目视、手拭	班					

续表

设备日常点检表								
普通机械加工中心设备日常点检表						日期		指导教师1	
学号：		姓名：	设备名称：			实训区域		指导教师2	
序号	点检内容			基准	方法	周期	设备型号		设备编号	
	○ 开动中 ● 停止						检查日期			
8	点检	○	齿轮箱	无变形、固定牢靠	目视	班				
9		○	各轴	运动正常	目视	班				
10		○	按钮和指示灯	无损坏、松动	手拭	班				
11		●	柜外表	无油污、灰尘	目视、触摸	班				
12		○	显示屏	程序运行正常	目视、触摸	班				
13		○	油管	无破损、无漏油	目视	班				
不正常时，通知相关维修人员并填写保修单	1. 点检人签名								
	2. 点检人签名								
	注：（1）点检情况按颜色填入表格，良好"√"、故障"▲"；（2）工作中，如设备发生故障，在相应格中打"×"标记；（3）每天一小格。								

任务评价

填写评价表

<table>
<tr><td colspan="5">工作任务评价表</td></tr>
<tr><td colspan="2">任务名称：</td><td>班级：
小组：
姓名：</td><td colspan="2">指导教师：
日　　期：</td></tr>
<tr><td rowspan="2">评价项目</td><td rowspan="2">评价标准</td><td>评价方式</td><td rowspan="2">权重</td><td rowspan="2">小计</td></tr>
<tr><td>1. 护目镜、衣扣、袖口系紧；2. 量具使用完后放回量具盒；3. 机床、工具箱台面清理；4. 高度尺使用完后收回办公室；5. 机床设备使用登记本填写；6. 教室、厂房清理</td></tr>
<tr><td>职业素养</td><td>1. 遵守实训规章制度
2. 严格执行"6S"管理
3. 遵守安全生产规定
4. 组织协作能力</td><td></td><td>0.3</td><td></td></tr>
<tr><td>专业能力</td><td>1. 理解装配要求并制订正确的装配工艺
2. 正确、合理选用工、量具
3. 操作准确、规范
4. 分析判断准确
5. 任务完成质量好</td><td></td><td>0.5</td><td></td></tr>
<tr><td>创新能力</td><td>1. 任务过程中主动分析、解决问题
2. 合理组织任务实施</td><td></td><td>0.2</td><td></td></tr>
<tr><td>合计</td><td colspan="4"></td></tr>
</table>

个人总结

4.11 平面的磨削

任务描述

根据任务要求熟练掌握平面磨削的基本操作方法与注意事项。

任务要求

① 掌握平面磨削的几种方法。
② 掌握基准面的选择原则。
③ 掌握平面工件的精度检测方法。

理论知识

1. 平面磨削的方法

(1) 横向磨削法

横向磨削法是平面磨削中最常见的一种磨削方法。当工件在电磁吸盘台面上装夹后,工作台先做纵向运动,然后砂轮做垂直进给。当工作台纵向行程终了时,磨头做横向断续进给。通过多次横向进给,磨去工件第一层金属。砂轮再做垂直进给,磨头换向继续做横向进给,磨去工件第二层金属。如此往复多次,直至磨去全部余量。

横向磨削法的特点是砂轮与工件接触面积小,冷却和排屑条件较好,因此工件的变形、磨削热均较小,砂轮不易塞实,加工精度高。

(2) 深度磨削法

深度磨削法有两种磨削方法。

① 深磨法。砂轮先在工件边缘做垂直进给,横向不进给。每当工作台纵向进给换向时,砂轮做垂直进给,通过数次进给,将工件的大部分或全部余量磨去,然后停止砂轮垂直进给。全部余量磨去后,磨头做手动微量进给,直至把工件整个表面的余量全部磨去。

② 切入法。磨削时,砂轮只做垂直进给,横向不进给,在磨去全部余量后,砂轮垂直退刀,并横向移动 4/5 的砂轮宽度,然后再做垂直进给。通过分段磨削,把工件表面余量全部磨去。

为了减小工件表面粗糙度,在用深度磨削法磨削时,可留少量精磨余量(一般为 0.05 mm 左右)。

深度磨削法的特点是生产效率高,适宜批量生产或大面积磨削时采用。

(3) 阶台磨削法

阶台磨削法根据工件磨削余量,将砂轮修成阶台形,使其在一次垂直进给中磨去全部余量。

阶台磨削法的特点是磨削效果较好,但砂轮修整较复杂,砂轮使用寿命较短,对机床和工件有较好的刚度要求。

2. 平面磨削基准面的选择原则

平面磨削基准面的选择准确与否将直接影响工件的加工精度，它的选择原则如下：

①在一般情况下，应选择表面粗糙度较小的面作为基准面。

②在磨大小不等的平面时，应选择大面作为基准面。这样装夹稳固，并有利于磨去较少余量达到平行度要求。

③在平行面有几何公差要求时，应选择工件几何公差较小的面或者有利于达到几何公差要求的面作为基准面。

④要根据工件的技术要求和前道工序的加工情况来选择基准面。

3. 平面工件的精度检测

（1）平面度的检测方法

①透光法。用样板平尺测量。一般选用刀刃式平尺（又叫直刃尺）测量平面度。检测时，将平尺垂直放在被测量平面上，刃口朝下对着光源，观察刃口与平面之间的缝隙透光情况，来判断平面的平面度误差。

②着色法。在工件的平面上涂一层极薄的显示剂（红印油、红丹粉等），然后将工件放在测量平板上，平稳地前后、左右移动。取下工件，观察平面上摩擦痕迹的分布情况，以确定平面度是否符合精度要求。

（2）平行度的检测方法

①用千分尺测量工件相隔一定距离的厚度，若干点厚度的最大差值即为工件的平行度误差，测量点越多，测量值越精确。

②用杠杆或百分表在平板上测量工件的平行度。将工件和杠杆式表架放在测量平板上，调整表杆，使表的表头接触工件平面，然后移动表架，使百分表的表头在工件整个平面上均匀地通过，百分表读数变动量就是工件的平行度误差。测量小型工件时，也可采用表架不动、工件移动的方法。

3. 实训步骤

①用锉刀、砂纸或油石等，除去工件基准面上的毛刺或热处理后的氧化层。

②工件基准面在电磁吸盘台面上定位通电吸牢。

③启动液压泵，移动工作台挡铁，调整砂轮与工作台行程距离，使砂轮越出工件表面。

④启动砂轮并做垂直进给，接触工件后，用横向磨削法磨出上平面或磨去磨削余量的一半。

⑤以磨过的平面为基准面，磨削第二面至图样要求。

4. 注意事项

①工件装夹时，应将定位面擦干净，以免脏物影响工件的平行度或划伤工件表面。

②工件装夹时，应使工件表面覆盖台面绝磁层，以充分利用磁性吸力。小而薄的工件应安放在绝磁层中间。工件直径很小、厚度很薄时，可选择或制作一块工艺挡板，挡板厚度略小于工件厚度，并在平面上钻若干比工件直径略大的孔（孔距应与绝磁层条距

相等），工件放在孔内进行磨削，这样就比较安全。

③薄片工件磨削时，要注意弯曲变形，砂轮要保持锋利，切削液要充分，磨削深度要小，工作台纵向进给速度可调整得快一些。在磨削过程中，要多次翻转工件，并采用垫纸等方法来减小工件平面度误差。

④在磨削平面时，砂轮横向进给应选择断续进给，不宜选择连续进给。砂轮在工件边缘越出砂轮宽度的1/2距离时，应立即换向，不能在砂轮全部越出工件平面后换向，以免产生塌角。

⑤批量生产时，毛坯工件的留磨余量须经过预测、分档、分组后再进行加工。这样，可避免因工件的高度不一，使砂轮吃刀量太大而碎裂。

⑥在拆卸底面面积较大的工件时，由于剩磁及光滑表面间黏附力较大，不容易把工件取下来。这时，可用木棒、铜棒或扳手在合适的位置将工件扳松，然后取下工件；切不可直接用力将工件从台面上硬拉下来，以免工件表面与工作台面被拉毛损伤。

5. 磨工实操实践

①在磨大小不等的平面时，应选择_____为基准面。
②_____是平面磨削中最常见的一种磨削方法。
③横向磨削法的特点是_____。
④阶台磨削法的特点是_____。
⑤深度磨削法的两种磨削方法是_____、_____。
⑥要根据工件的_____和_____的加工情况来选择基准面。
⑦平面度的检测方法有_____、_____。
⑧平行度的检测方法有_____、_____。
⑨在平行面有几何公差要求时，应选择_____面作为基准面。
⑩平面磨削的磨削方法有_____、_____、_____。

组织实施

任务分配表

项目	姓名（负责人）						扣分情况
安全规程收集	学习委员（由学习委员通知收集，各组组长配合，收齐各组资料交由学习委员）						
人员分组安排 总组长： 班长：	第一组（工位号） 组长： 组员：	第二组（工位号） 组长： 组员：	第三组（工位号） 组长： 组员：	第四组（工位号） 组长： 组员：	第五组（工位号） 组长： 组员：	第六组（工位号） 组长： 组员：	组长10分、组员5分
安全员安排	班长（出现问题，一次扣10分）						

续表

项目	姓名（负责人）	扣分情况
安全规程收集	学习委员（由学习委员通知收集，各组组长配合，收齐各组资料交由学习委员）	
卫生安排	生活委员及各组组长（厂房地面、机床、工具箱台面、教室卫生等。卫生打扫不到位，一次扣生活委员及组长10分，组员扣5分），有生活委员安排打扫卫生的组（轮换）	
机床设备使用登记本	由学习委员安排组长负责	
教学交接记录本	教师	
上交实习日记	学习委员	
护目镜发放，工作服巡视检查（每天不定时）	班长（班长负责护目镜发放，班长、副班长同时每天不定时检查工作服、帽、护目镜的穿戴情况，一次不合格者，扣10分）	
高度尺、卡尺、千分尺的发放（每天）	学习委员收发（每次实训完，要收回办公室并检查是否完好，出现问题由个人负责，扣10分）	
损坏保修	班长	
交学生日志卡	考勤班长	
视频播放	团支书（每天定时定点播放视频）	
安全考试安排	学习委员（主要是管理好纪律）	
发放和收集实习报告、填写老师和学生考勤日志卡	考勤班长和学习委员（做到认真负责）	
机床保养	班长及全班学生	

设备日常点检表

设备日常点检表											
普通机械加工中心设备日常点检表						日期		指导教师1			
学号:		姓名:	设备名称:			实训区域		指导教师2			
序号	点检内容 ○ 开动中 ● 停止		基准	方法	周期	设备型号		设备编号			
^	^	^	^	^	^	检查日期					
1	清扫	●	机床顶部	无灰尘、油污	目视、触摸	班	第一天	第二天	第三天	第四天	第五天
2	^	●	移动工作台	无杂物、铁屑	目视、触摸	班					
3	^	●	机床底座、四周	无油污、杂物	目视、触摸	班					
4	^	●	电动机外表	无油污、杂物	目视、触摸	班					
5	加油	●	润滑油油标	油量达到2/3	目视	班	第一天	第二天	第三天	第四天	第五天
6	^	●	冷却润滑	冷却液充足	目视	班					
7	^	●	导轨润滑	移动进给灵活	目视、手拭	班					
8	点检	○	齿轮箱	无变形、固定牢靠	目视	班					
9	^	○	各轴	运动正常	目视	班					
10	^	○	按钮和指示灯	无损坏、松动	手拭	班					
11	^	●	柜外表	无油污、灰尘	目视、触摸	班					
12	^	○	显示屏	程序运行正常	目视、触摸	班					
13	^	○	油管	无破损、无漏油	目视	班					

设备日常点检表

设备日常点检表							
普通机械加工中心设备日常点检表					日期		指导教师1
学号：	姓名：	设备名称：			实训区域		指导教师2
序号	点检内容 ○ 开动中 ● 停止	基准	方法	周期	设备型号		设备编号
					检查日期		
不正常时，通知相关维修人员并填写保修单	1. 点检人签名						
	2. 点检人签名						
	注：(1) 点检情况按颜色填入表格，良好"√"、故障"▲"；(2) 工作中，如设备发生故障，在相应格中打"×"标记；(3) 每天一小格。						

图纸

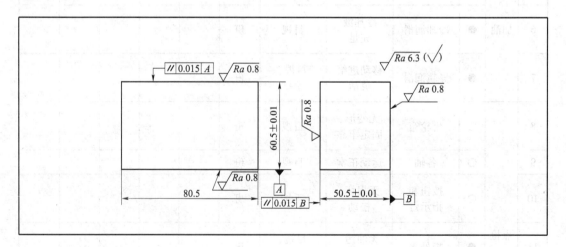

任务评价

填写评价表

<table>
<tr><td colspan="5" align="center">工作任务评价表</td></tr>
<tr><td colspan="2">任务名称：</td><td>班级：
小组：
姓名：</td><td colspan="2">指导教师：
日　　期：</td></tr>
<tr><td rowspan="2">评价项目</td><td rowspan="2">评价标准</td><td align="center">评价方式</td><td rowspan="2">权重</td><td rowspan="2">小计</td></tr>
<tr><td>1. 护目镜、衣扣、袖口系紧；2. 量具使用完后放回量具盒；3. 机床、工具箱台面清理；4. 高度尺使用完后收回办公室；5. 机床设备使用登记本填写；6. 教室、厂房清理</td></tr>
<tr><td>职业素养</td><td>1. 遵守实训规章制度
2. 严格执行"6S"管理
3. 遵守安全生产规定
4. 组织协作能力</td><td></td><td>0.3</td><td></td></tr>
<tr><td>专业能力</td><td>1. 理解装配要求并制订正确的装配工艺
2. 正确、合理选用工、量具
3. 操作准确、规范
4. 分析判断准确
5. 任务完成质量好</td><td></td><td>0.5</td><td></td></tr>
<tr><td>创新能力</td><td>1. 任务过程中主动分析、解决问题
2. 合理组织任务实施</td><td></td><td>0.2</td><td></td></tr>
<tr><td>合计</td><td colspan="4"></td></tr>
</table>

<table>
<tr><td colspan="2">学生姓名</td><td></td><td rowspan="2" align="center">总得分</td><td></td><td>检验</td><td colspan="3"></td></tr>
<tr><td colspan="2">学号</td><td></td><td></td><td>日期</td><td colspan="3"></td></tr>
<tr><td rowspan="3">工件考核</td><td colspan="2">项目</td><td colspan="2">检测内容</td><td>配分</td><td>检测结果</td><td>得分</td><td>备注</td></tr>
<tr><td colspan="2">外观检测</td><td colspan="2">有无划伤、磕碰、砸伤等</td><td>5</td><td></td><td></td><td></td></tr>
<tr><td colspan="2">行位检测</td><td colspan="2">平行度、垂直度、平面度、对称度等</td><td>5</td><td></td><td></td><td></td></tr>
</table>

续表

学生姓名			总得分		检验日期		
学号							
工件考核	项目	检测内容	配分	检测结果	得分	备注
	尺寸检测		5			
			5			
			5			
			10			
			10			
			10			
		未列尺寸	每超差一处，扣1分			
		工具箱摆放	3			
		机床保养	2			
		安全操作	5			
	合计					
过程考核	出勤	有无迟到、早退	5			
	态度	能否遵守规则制度	5			
	工作质量	对待工作是否认真	5			
	合作	与其他岗位合作情况	5			
	机床操作	对机床熟悉程度	5			
	管理	是否服从管理	5			
	任务	能否按时完成任务	5			
	合计					

严重违反安全操作规程，屡教不改或造成重大事故者，取消实训操作资格！
尺寸超差严重者，酌情从总分中扣除20～30分。

个人总结

4.12 垂直面磨削

任务描述

根据任务要求熟练掌握垂直面磨削的基本操作方法与注意事项。

任务要求

①掌握用精密平口钳装夹磨削垂直平面的方法。
②掌握用精密角铁装夹磨削垂直平面的方法。
③掌握用角尺圆柱找正磨削垂直平面的方法。
④掌握垂直平面工件的精度检验方法。

理论知识

1. 用精密平口钳装夹磨削垂直平面
（1）精密平口钳的结构
精密平口钳主要由底座、固定钳口、活动钳口、传动螺杆和捏手等组成。
（2）用精密平口钳装夹垂直平面步骤
①先把平口钳的底面吸在电磁吸盘台面上，然后把工件夹紧，在钳口内找正。
②磨削工件平面，使平面度符合图样要求。
③将平口钳连同工件一起翻转90°，平口钳侧面吸在电磁吸盘台面上。
④磨削工件的垂直平面，使工件垂直度符合图样要求。
这种装夹方法的特点是装夹迅速、准确，磨削效率高，但垂直精度受平口钳本身精度的限制，平口钳使用较长时间后，平面有所磨损，会影响工件磨削后的垂直精度。

2. 用精密角铁装夹磨削垂直平面
（1）精密角铁的结构
精密角铁由两个相互垂直的工作平面组成，它们之间的垂直偏差一般在 0.005 mm 以内。角铁的工作平面上有若干大小、形状不同的通孔或槽，以便装夹工件。
（2）用精密角铁装夹磨削垂直平面的方法
①把精密角铁放到测量平板上，以精加工过的面为基准，紧贴在角铁的垂直平面上，用压板和螺钉稍微压紧。
②用杠杆式百分表找正待加工平面，使平面处在水平位置上。
③旋紧压板螺钉上的螺母，使工件紧固后再复校一次。
④把精密角铁连同工件一起放到电磁吸盘台面上，吸牢后磨削垂直平面至图样要求。

3. 用圆柱角尺找正磨削垂直平面
（1）圆柱角尺的结构与精度要求
90°圆柱角尺是表面光滑的圆柱体。圆柱体直径与长度比一般为1∶4。90°圆柱角尺的精密度很高，表面粗糙度小于 0.1 mm，圆柱度小于 0.002 mm，与端面的垂直度误差小于 0.003 mm。

（2）用圆柱角尺找正磨削垂直平面的方法

①将角尺圆柱放到测量平板上，已磨好的平面靠在圆柱角尺母线上，观察其透光情况。

②根据透光情况，在工件的地面垫纸，如果工件上段透光，应在工件的右底面垫纸；下段透光，则在工件的左底面垫纸，垫至工件与圆柱的接触面基本无透光为止。

③将工件与垫纸一起放到电磁吸盘台面上，通电吸牢。

④磨出垂直平面，以磨出的平面为基准，测量工件与圆柱角尺的透光情况，重复多次，使工件垂直度符合要求。

4. 用百分表及测量圆柱棒找正磨削垂直平面

（1）测量工具及零位调整

测量工具除了常用的磁性表架外，还有一根测量圆柱棒，直径一般在 20 mm 左右，长度与平板宽度基本相同，在圆柱外圆上有一段光滑平面，用于平板上装夹。调整步骤如下：

①将磁性表架放到测量平板上吸牢。

②把测量圆柱棒放到磁性表架前面，平面向下与平板接触，两端用螺钉压紧。

③将圆柱角尺放到平板上，并与测量圆柱棒靠平。

④调整磁性表架位置，使百分表表头与 90°圆柱角尺中心最高点接触，表头高度应与工件测量高度基本一致。

⑤转动表盘，使表针指向零位，拿去角尺，零位调整完毕。

（2）磨削步骤（图 4.12.1）

①用磨削平行面的方法磨削 A 面与 B 面，使其尺寸和平行度符合图样要求。

②使平面接触测量平板以 A 面或 B 面为基准，与测量圆柱棒靠平，观察百分表指示数值，如果数值大于 0，应在工件 C 面左端垫纸，否则，应在工件 C 面右端垫纸，使百分表的读数为 0。

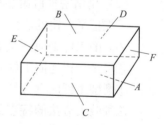

图 4.12.1　六面体

③把工件连同垫纸一起放到电磁吸盘台面上，通电吸牢，磨出 D 面；保证 D 面垂直于 A 面及 B 面。

④以 D 面为基准，在电磁吸盘台上磨出与其相邻的面。

⑤使 E 面接触测量平板，以 C 面或 D 面为基准，与测量圆柱棒靠平，根据百分表所示数值差垫纸找正。

⑥把 E 面连同垫纸一起吸在台面上，磨削 F 面，使 F 面与 C 面、D 面垂直。

⑦使 F 面接触测量平板，以 A 面或 B 面为基准，用同样方法垫纸找正磨削 E 面，使 E 面既能与 A 面、B 面垂直，又能与 C 面、D 面垂直。

⑧以 E 面为基准，磨削 F 面至尺寸。

5. 工件的精度检验

（1）用 90°尺测量垂直度

测量小型工件的垂直度时，可直接把 90°尺两个尺边接触工件的垂直平面。测量时，先使一个尺边贴紧工件一个平面，然后移动90°尺，使另一尺边逐渐靠近工件的另一平面，根据透光情况判断垂直度。

（2）用90°柱角尺与塞尺测量垂直度

把工件与90°柱角尺放到平板上，使工件贴紧90°柱角尺，观察透光的位置和缝隙大小，选择合适的塞尺塞空隙。先选尺寸较小的塞尺塞进空隙内，然后逐挡加大尺寸塞进空隙，直至塞尺塞不进空隙为止，则塞尺标注尺寸即为工件的垂直度误差。

（3）用百分表及测量圆柱棒测量垂直度

测量时，将工件放到平板上，并向圆柱棒靠平，百分表表头测到工件最高点；读出数值后，工件转向180°，另一平面靠平圆柱棒读出数值。两个数值差的1/2即为工件的垂直度误差值。

6. 垂直面磨削注意事项

①用平口钳装夹磨削垂直平面，要注意平口钳本身精度的误差，使用前应检查平口钳底面、侧面和钳口是否有毛刺或硬点，如有，应除去后才能使用。

②用精密角铁装夹磨削垂直平面时，工件的质量和体积不能大于角铁的质量和体积。角铁上的定位柱高度应与工件厚度基本一致，压板在压紧工件时受力要均匀，装夹要稳固。工件在未校正前，压板应压得松一些，以便校正，但也不能太松，否则，校正时工件容易从角铁上脱落下来。

③用角尺圆柱及测量圆柱棒找正磨削垂直面时，要注意以下几点：

a. 磨削顺序不能颠倒。六面体工件磨削，一般先磨厚度最小的两平行面，其次磨厚度较大的垂直平面，最后磨厚度最大的垂直平面，以保证磨削精度和提高效率。

b. 对于没有倒角的六面体工件，在两平行面经过磨削后，要及时修去毛刺后再磨其他垂直平面，以防由于毛刺影响工件的垂直度和平行度。

c. 在以小面为基准面，磨削厚度最大的平行面时，要注意安全。工件在电磁吸盘台面上的装夹位置应与工作台纵向平行，不能横过来装夹。在工件的前面（磨削力方向）应加一块挡铁，挡铁的高度不得小于工件高度的2/3，挡铁与台面的接触面积要大。

7. 磨工实操实践

①精密平口钳主要由_____、固定钳口、_____、传动螺杆和_____等组成。

②角铁的工作平面上有若干大小、形状不同的通孔或槽，以_____。

③用杠杆式百分表找正待加工平面，需使平面处在_____上。

④工件的精度检验的方法有_____、_____、_____。

⑤用精密角铁装夹磨削垂直平面时，工件的质量和体积不能_____挡铁的_____和_____。

⑥用角尺圆柱及测量圆柱棒找正磨削垂直面时，要注意_____、_____、_____。

⑦用精密平口钳装夹垂直平面，装夹方法的特点是_____。

⑧用平口钳装夹磨削垂直平面，要注意平口钳本身_____。

⑨精密平口钳装夹磨削垂直平面的方法有_____、_____、_____、_____。

⑩_____，使工件垂直度符合要求。

组织实施

任务分配表

项目	姓名（负责人）						扣分情况
安全规程收集	学习委员（由学习委员通知收集，各组组长配合，收齐各组资料交由学习委员）						
人员分组安排 总组长： 班长：	第一组（工位号） 组长： 组员：	第二组（工位号） 组长： 组员：	第三组（工位号） 组长： 组员：	第四组（工位号） 组长： 组员：	第五组（工位号） 组长： 组员：	第六组（工位号） 组长： 组员：	组长10分、组员5分
安全员安排	班长（出现问题，一次扣10分）						
卫生安排	生活委员及各组组长（厂房地面、机床、工具箱台面、教室卫生等。卫生打扫不到位，一次扣生活委员及组长10分，组员扣5分），有生活委员安排打扫卫生的组（轮换）						
机床设备使用登记本	由学习委员安排组长负责						
教学交接记录本	教师						
上交实习日记	学习委员						
护目镜发放，工作服巡视检查（每天不定时）	班长（班长负责护目镜发放，班长、副班长同时每天不定时检查工作服、帽、护目镜的穿戴情况，一次不合格者，扣10分）						
高度尺、卡尺、千分尺的发放（每天）	学习委员收发（每次实训完，要收回办公室并检查是否完好，出现问题由个人负责，扣10分）						
损坏保修	班长						
交学生日志卡	考勤班长						
视频播放	团支书（每天定时定点播放视频）						
安全考试安排	学习委员（主要是管理好纪律）						

续表

项目	姓名（负责人）	扣分情况
安全规程收集	学习委员（由学习委员通知收集，各组组长配合，收齐各组资料交由学习委员）	
发放和收集实习报告、填写老师和学生考勤日志卡	考勤班长和学习委员（做到认真负责）	
机床保养	班长及全班学生	

设备日常点检表

设备日常点检表											
普通机械加工中心设备日常点检表						日期		指导教师1			
学号：		姓名：		设备名称：			实训区域		指导教师2			
序号	点检内容 ○ 开动中 ● 停止		基准	方法	周期	设备型号			设备编号		
							检查日期						
1	清扫	●	机床顶部	无灰尘、油污	目视、触摸	班	第一天	第二天	第三天	第四天	第五天
2		●	移动工作台	无杂物、铁屑	目视、触摸	班					
3		●	机床底座、四周	无油污、杂物	目视、触摸	班					
4		●	电动机外表	无油污、杂物	目视、触摸	班					
5	加油	●	润滑油油标	油量达到2/3	目视	班	第一天	第二天	第三天	第四天	第五天
6		●	冷却润滑	冷却液充足	目视	班					
7		●	导轨润滑	移动进给灵活	目视、手拭	班					

续表

设备日常点检表									
普通机械加工中心设备日常点检表						日期		指导教师1	
学号：		姓名：		设备名称：			实训区域		指导教师2	
序号	点检内容 ○ 开动中 ● 停止		基准	方法	周期	设备型号			设备编号
序号	点检内容 ○ 开动中 ● 停止		基准	方法	周期	检查日期			
8		○	齿轮箱	无变形、固定牢靠	目视	班			
9		○	各轴	运动正常	目视	班			
10		○	按钮和指示灯	无损坏、松动	手拭	班			
11	点检	●	柜外表	无油污、灰尘	目视、触摸	班			
12		○	显示屏	程序运行正常	目视、触摸	班			
13		○	油管	无破损、无漏油	目视	班			
不正常时，通知相关维修人员并填写保修单	1. 点检人签名								
不正常时，通知相关维修人员并填写保修单	2. 点检人签名								
注：（1）点检情况按颜色填入表格，良好"√"、故障"▲"；（2）工作中，如设备发生故障，在相应格中打"×"标记；（3）每天一小格。									

图纸

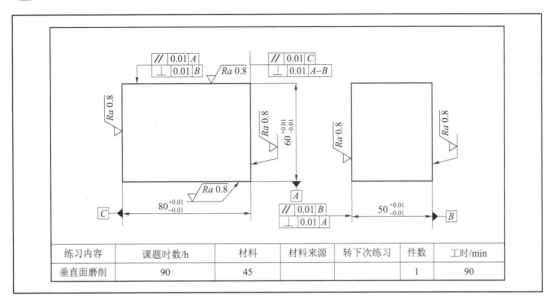

练习内容	课题时数/h	材料	材料来源	转下次练习	件数	工时/min
垂直面磨削	90	45			1	90

任务评价

填写评价表

工作任务评价表					
任务名称：		班级： 小组： 姓名：	指导教师： 日　　期：		
评价项目	评价标准	评价方式			权重	小计
		1. 护目镜、衣扣、袖口系紧；2. 量具使用完后放回量具盒；3. 机床、工具箱台面清理；4. 高度尺使用完后收回办公室；5. 机床设备使用登记本填写；6. 教室、厂房清理				
职业素养	1. 遵守实训规章制度 2. 严格执行"6S"管理 3. 遵守安全生产规定 4. 组织协作能力				0.3	
专业能力	1. 理解装配要求并制订正确的装配工艺 2. 正确、合理选用工、量具 3. 操作准确、规范 4. 分析判断准确 5. 任务完成质量好				0.5	

续表

工作任务评价表					
任务名称：		班级： 小组： 姓名：		指导教师： 日　　期：	
评价项目	评价标准	评价方式		权重	小计
^	^	1. 护目镜、衣扣、袖口系紧；2. 量具使用完后放回量具盒；3. 机床、工具箱台面清理；4. 高度尺使用完后收回办公室；5. 机床设备使用登记本填写；6. 教室、厂房清理				
创新能力	1. 任务过程中主动分析、解决问题 2. 合理组织任务实施			0.2	
合计					

学生姓名		总得分		检验	
学号		^		日期	
工件考核	项目	检测内容	配分	检测结果	得分	备注
^	外观检测	有无划伤、磕碰、砸伤等	5			
^	行位检测	平行度、垂直度、平面度、对称度等	5			
^	尺寸检测		5			
^	^		5			
^	^		5			
^	^		10			
^	^		10			
^	^		10			
^	未列尺寸	每超差一处，扣1分				
^	工具箱摆放		3			
^	机床保养		2			
^	安全操作		5			
^	合计					

续表

学生姓名		总得分			检验		
学号					日期		
	项目	检测内容	配分	检测结果	得分	备注	
过程考核	出勤	有无迟到、早退	5				
	态度	能否遵守规则制度	5				
	工作质量	对待工作是否认真	5				
	合作	与其他岗位合作情况	5				
	机床操作	对机床熟悉程度	5				
	管理	是否服从管理	5				
	任务	能否按时完成任务	5				
	合计						

严重违反安全操作规程，屡教不改或造成重大事故者，取消实训操作资格！
尺寸超差严重者，酌情从总分中扣除 20~30 分。

个人总结

参 考 文 献

[1] 杨叔子. 机械加工工艺师手册 [M]. 北京：机械工业出版社，2002.
[2] 杜庚星. 钳工工艺学 [M]. 北京：中国劳动社会保障出版社，2002.
[3] 何建民. 钳工操作技术与窍门 [M]. 北京：机械工业出版社，2004.
[4] 郑国明. 钳工常用技术手册 [M]. 上海：上海科技出版社，2007.
[5] 徐鸿本. 钳工工艺技术 [M]. 沈阳：辽宁科技出版社，2002.
[6] 何建民. 铣工操作技术与窍门 [M]. 北京：机械工业出版社，2004.
[7] 沈照炳. 铣工工艺学 [M]. 北京：中国劳动社会保障出版社，2002.
[8] 陈宇. 铣工（初级、中级、高级）[M]. 北京：机械工业出版社，2004.
[9] 王先逵. 机械制造工艺学 [M]. 北京：清华大学出版社，2002.
[10] 马贤智. 应用机械加工手册 [M]. 沈阳：辽宁科学技术出版社，1990.
[11] 哈尔滨工业大学. 上海工业大学机械制造工艺学 [M]. 上海：上海科学技术出版社，1999.
[12] 宾鸿赞，曾庆福. 机械制造工艺学 [M]. 北京：机械工业出版社，1999.
[13] 丁年雄. 机械加工工艺辞典 [M]. 北京：学苑出版社，1990.
[14] 顾崇衔. 机械制造工艺学 [M]. 西安：陕西科学技术出版社，1987.
[15] 赵如福. 金属机械加工工艺人员手册 [M]. 第3版. 上海：上海科学技术出版社，1989.